生物制片技术应用

吕林兰　董学兴　主编

化学工业出版社

·北京·

本书介绍了生物切片法和非切片法制片技术及其应用，主要包括石蜡切片技术、冰冻切片技术、生物组织化学、免疫组织化学技术、免疫组织化学图像分析、原位杂交组织化学。主要以动物材料为对象，附制片实验项目。

本书可供生物科学、生物技术、生物化学专业技术人员参考，也可供生物专业本科、专科教学使用。

图书在版编目（CIP）数据

生物制片技术应用/吕林兰，董学兴主编. —北京：
化学工业出版社，2017.12
ISBN 978-7-122-30802-3

Ⅰ.①生… Ⅱ.①吕…②董 Ⅲ.①切片（生物学）-
制作 Ⅳ.①Q-366

中国版本图书馆 CIP 数据核字（2017）第 255233 号

责任编辑：李玉晖 文字编辑：孙凤英
责任校对：王 静 装帧设计：韩 飞

出版发行：化学工业出版社（北京市东城区青年湖南街 13 号 邮政编码 100011）
印 刷：三河市航远印刷有限公司
装 订：三河市瞰发装订厂
787mm×1092mm 1/16 印张 10 字数 249 千字 2017 年 12 月北京第 1 版第 1 次印刷

购书咨询：010-64518888（传真：010-64519686） 售后服务：010-64518899
网 址：http://www.cip.com.cn
凡购买本书，如有缺损质量问题，本社销售中心负责调换。

定 价：49.00 元

生物制片技术是一门基础且应用极为广泛的实验技术，是生物学和医学最常用的研究手段。19世纪中期，随着生物、物理等学科的不断发展，以及显微镜、切片机等设备的日益完善，逐步建立起了完整的组织制片技术。20世纪50年代以来，随着免疫组织化学、原位杂交等新技术出现，组织制片技术进入了崭新的历史时期，其研究内容从基本组织结构观察延伸到了分子领域。近年来，随着计算机分析技术和光电检测技术的发展，以切片技术为基础的免疫组化和原位杂交技术在病理诊断和科学研究中得到了长足的发展及更为广泛的应用。

本书分为两篇。上篇共六章，为生物组织制片的理论和方法。第一章，常用生物制片的基本方法，介绍了石蜡组织切片、冰冻切片以及火棉胶制片技术的原理和方法；第二章，非切片法，介绍了非切片制片法的主要方法，包括整体制片法、压片法、涂片法、离析法和磨片法；第三章，生物组织化学，介绍了组织化学标本制备，以及糖类、脂类、核酸和酶组织化学理论和方法；第四章，免疫组织化学技术，介绍了免疫组化技术原理和技术；第五章，免疫组织化学图像分析，介绍了常用组织化学显微图像定量分析技术和计算机图像分析方法；第六章，原位杂交组织化学，介绍了原位杂交组织化学的基本程序和地高辛标记探针原位杂交方法。下篇为具体实验项目，介绍了涂布法——鱼血涂片、贝类外套膜石蜡制片——苏木精伊红染色法、鱼肠石蜡制片 Mallory 氏三色染色法、T 细胞表面分子CD3 的检测、水产动物肠道琥珀酸脱氢酶定位——冰冻切片、鱼类性腺GnRH 受体免疫组化定位等实验方法及应用。

本书以实用性和可操作性为目标，并注意理论与实践相统一，既注重传统制片技术介绍，又引入新技术。书中不仅对每种技术的原理和实验流程作详细阐述，还对免疫组化图像分析方法进行了说明。同时，参考其他著作、文献及编者工作实际，详细分析了实验过程常见问题，并提出了针对性解决办法，对相关领域教师、科研人员具有较高参考价值。

本书由吕林兰、董学兴主编，仇明、王爱民参加编写。本书的编写及顺利出版，得到了盐城工学院教务处、海洋与生物工程学院领导及海洋技术系教师的热切关心和大力支持，在此表示衷心的感谢。由于编者水平有限，书中难免存在不足，恳请广大读者批评指正。

编者
2017 年 9 月

第一篇　生物制片技术

第二篇　组织切片技术实验

第一篇　生物制片技术

第一章 | 常用生物制片的基本方法

制片技术是生物科学必不可少的研究手段。要显示出正确、清晰的生物材料微观结构，必要将其制成适合于显微镜下观察的薄片，即生物制片。由于各种材料的性质及观察研究的目的不同，因而产生了多种生物制片的制作技术和方法。从不同的角度出发，生物制片分类结果不同。从保存时间的长短可分为"临时制片"和"永久制片"两大类。根据制作方法则分为切片法和非切片制片法两大类。其中，切片法包括石蜡切片、冷冻切片、半薄切片、徒手切片、滑动切片、火棉胶切片等，其特点是必须用刀把材料切成能透过光线的薄片。非切片法包括整体装片、涂片、压片、铺片、磨片等，其特点是不需要用刀把材料切成透光薄片，能保持原有状态，制作方法比较简单，需用新鲜材料。

第一节
生物制片的基本原理

虽然生物制片的方法各异，但它们的基本步骤和原理一样。在制作永久切片的过程中，基本上都要经过选材、固定、冲洗、切片、染色、脱水、透明、封藏等主要步骤。本节主要以生物制片常用技术——石蜡切片为主线来阐述生物制片的基本原理和步骤。

一、材料的采集与处理

在生物制片技术中，实验材料的正确采集处理是制片成功的关键步骤之一。一般实验材料的选择依研究目的而定。选择材料应注意以下几点：

1）研究正常结构时，应该选择新鲜、健全而有代表性的部位取材，并预先考虑好切面方向。采集病理材料时，除取其病变部位外，还应从病变的中央部分向四周，连同正常组织一起采取，以利于观察分析。

2）实验材料选择后应在较短的时间内杀死和固定，使其保持生活时的自然状态。采取标本前，要根据制片要求选择并配制好固定液。取材后应立即投入固定液，以防组织自溶和腐败。

3）切取材料时，刀锋须锐利（一般可用新的单面保安刀片切取材料），动作要快而仔细。取材时切勿拉锯式来回切割，镊取时须轻夹轻放。总之，应尽量不要因切取不当而损伤所取材料。

4）材料尽可能新鲜，并尽可能切小、切薄，这样有利于固定液的渗入。柔软组织不易切小，可先取稍大组织块进行预固定，待组织稍硬化后再修切成小块继续固定。过于细小的材料，为预防固定后失落，可连同其周围组织一起固定。对于膜厚而坚实的器官（如睾丸），须切开被膜，并在其上开口，以利于固定液渗入。对于大型标本，最好用注射固定法，将固定剂注入血管内可以固定得更好。

5）取材时要详细记录日期、采集地点、标本名称、取材部位、断面和固定液等。

（一）动物材料的采集与处理

因为在不加麻醉剂的条件下采集有的动物会收缩，因此，从活体动物上采集材料前一般应实施麻醉。但需注意的是，所用麻醉剂的种类、剂量不能影响细胞的结构。常用麻醉剂有水合氯醛、氯丁醇、薄荷脑、可卡因和酒精等。通常较大的动物用氯仿或乙醚作为麻醉剂，亦可应用氨基甲酸乙酯（尿烷或乌拉坦）进行静脉注射，剂量一般按动物体重 1kg 用 1g。较小的低等动物，如原生动物（草履虫）、腔肠动物（水螅）等，可用加热法或热的固定剂直接杀死固定。

若是开展细胞学方面的研究，对材料新鲜的程度要求严格，要尽量割取活着的动物组织块。例如，取蝗虫的精巢，可将活的蝗虫腹部剪开，将精巢取出，立即投入固定剂中。一般的组织学制片，可将动物直接杀死，然后迅速取其组织进行固定。小白鼠、蟾蜍等小动物可采用动物放血法。较大的动物，如兔子可采用空气栓塞法。不论使用哪种方法，都必须达到快速杀死动物的目的，以免动物细胞发生不良变化而导致病变现象的发生。

（二）动物组织的处理

取下所需要的器官或组织，放入盛有生理盐水（家畜为 0.85％氯化钠溶液，禽类为 0.9％氯化钠溶液）的培养皿中，洗去血污和其他杂物，胃肠等管状器官要洗去管腔内的内容物。用锋利的刀片切下一块材料。切成的组织块必须小而薄，一般以 0.3cm×0.3cm×0.2cm、0.5cm×0.5cm×0.3cm、0.5cm×0.5cm×0.5cm 为宜，最厚不超过 0.5cm，尤其细胞学制片，组织块厚度以不超过 0.2cm 为宜。如果材料太软，一次不易切成小块，可先切成较大材料块放于固定液中预固定几十秒，待组织稍硬化后切成小块再固定。切取材料愈新鲜愈好，胃、肠、肾等器官尤其应注意，要在死后立即采取。

二、固定

固定的目的在于把组织或细胞按生活的状态固定下来，使在以后制片的任何过程中不发生变化。杀死和固定两者之间的关系是极为密切的，是两个不同的步骤，但又是相互统一、相互作用的过程，杀死动物之后，不仅要使生物体立即死亡，而且还要使每个细胞差不多同时停止生命活动，才能达到固定的目的。

常用的杀死剂，一般都兼作固定剂，在选配时就应加以考虑。固定剂除了能迅速杀死原生质并保存原来的细微结构外，还要使组织适当硬化而便于切片，增加细胞结构及内含物的折光程度，使各部分结构更为清晰，适于在显微镜下观察。某些固定剂还具有促进生物组织对某些增强染色剂的媒染作用。因此，一种较理想的良好固定剂，应具备下列条件：

1）渗透力强，能迅速渗透到生物组织或细胞的各部分，可立即杀死原生质并固定其细微结构，使其不发生变化；

2）避免使组织或细胞发生收缩或膨胀；

3）能增加着色能力或媒染作用；

4）固定剂还应当是良好的保存剂（当然，并不是所有具有优良固定性能的固定剂都能作保存剂），材料经固定后能经久不坏；

5）使组织适当变硬而具有一定的坚韧性以便于切片，但又不能使材料过于坚硬或变得松脆。

固定液种类很多，按照其组成可分为两大类：单一固定液和混合固定液。单一固定液往往会使原生质发生不同程度的收缩或膨胀，固定速率相差也较大。若将两种药剂按适当比例配制成混合固定液，则可相互抵消缺陷，性能更为优良。各种固定液具有不同的特性，在选用固定液之前，应根据不同的实验目的和实验材料选用相应的固定液。

（一）单一固定液的种类、性质及其应用

常见的单一固定液主要有乙醇、福尔马林、乙酸、苦味酸、重铬酸钾、铬酸、锇酸和升汞等物质，根据它们对蛋白质的作用（主要指对白蛋白的作用）特点，可分为如下两大类：

1) 能使蛋白质凝固者，如乙醇、苦味酸、升汞和铬酸。其中，苦味酸、升汞和铬酸对两种蛋白质（即细胞内的白蛋白和细胞核内的核蛋白）都能凝固，乙醇虽能凝固白蛋白，但不能沉淀核蛋白。

2) 不能使蛋白质凝固者，如福尔马林、锇酸、重铬酸钾和乙酸等。乙酸不能凝固白蛋白（但能凝固核蛋白），福尔马林、锇酸和重铬酸钾对两种蛋白质都不凝固。

各种单一固定液的性质及其应用简述如下：

1. 乙醇（ethyl alcohol）C_2H_5OH

乙醇通称酒精，为无色液体，是一种常用的固定液，可与水以任何比例混合，适合固定的浓度：70%～100%。酒精可使组织中的蛋白质发生不溶性沉淀，也可使核酸发生可溶性沉淀，其特点是杀死快、渗透力强、可使材料变硬。

（1）纯酒精（无水酒精）

纯酒精的标准浓度为100%，是一种良好的杀死及固定剂。假如材料需要立即杀死与固定，纯酒精相当适用。但纯酒精具有使原生质发生收缩的缺点，故很少单独使用。如果单独应用，固定的时间一般不超过 1h。例如，小型的菌类仅需 1min，植物的根尖、茎尖、花药、子房等固定则需 15～20min。纯酒精不但可以杀死和固定材料，而且还有脱水的作用，材料固定后只需要更换两次就能将组织中的水分彻底除去，即可进行透明。

（2）95%酒精

它的标准浓度为 95%～96%，是普通的杀死与固定剂，并可兼作保存剂。材料经固定后，不需要进行冲洗或换液等手续就可进行脱水，所以平时应用很多，其缺点也是能使原生质发生收缩。对植物细胞而言，因其细胞壁可保持原来的形状，一般制作无需保存细胞内含物的切片是很适合的。用 95%酒精固定的时间，一般以 15～30min 为宜，较大的材料 1～2h 即可。若固定时间较长，材料则变脆而易折断，难以切片。若需长时间保存，则必须加入等量的甘油而成酒精-甘油混合液。材料经 95%酒精杀死固定后，一般常换入 70%酒精作保存液。

酒精单独使用时，可作为组织化学制片的固定剂，通常用 95%酒精或纯酒精为宜。酒精本身是一种还原剂，很容易被氧化成乙醛，甚至成为乙酸，因此不宜与铬酸、重铬酸钾或锇酸等氧化剂配合，但与福尔马林、冰醋酸或丙酸等配合使用则固定效果良好。

此外，因酒精可以溶解大部分类脂物，开展高尔基体、线粒体等细胞器的相关研究时要避免使用酒精作固定液。由于被酒精沉淀的蛋白质在 0℃下易溶于水，故酒精亦不宜作低温固定。

2. 福尔马林（formalin）HCOH

福尔马林是甲醛的水溶液，易挥发，有强烈的刺激性气味，一般市售品为含 37%～

40%的甲醛，适合固定的浓度为10%福尔马林（即3.7%～4%的甲醛）。制作切片时，通常都是将40%的甲醛浓度当作100%福尔马林来配制固定液，例如，将10mL市售甲醛水溶液（常当作40%甲醛浓度）加上90mL水，配制10%福尔马林固定液。

福尔马林固定组织时渗透力强、组织收缩少，能使组织硬化并增高组织的弹性，固定组织较为均匀，但经过酒精脱水和石蜡包埋后收缩很大。福尔马林不能使白蛋白和核蛋白凝固，但能保存类脂物，可用于高尔基体及线粒体固定，为一般病理制片常用，不过很少单独用它来固定这些细胞组成。在测定细胞内DNA含量时，常用10%的中性福尔马林作为固定液。福尔马林固定后组织不需水洗，可直接投入酒精中脱水，但经长期固定的标本，须经流水冲洗24h，否则就会影响染色，特别是测定DNA含量时尤应注意。使用福尔马林固定的细胞，碱性染料染色效果比酸性染料好，故细胞核的染色较细胞质的好。

甲醛是一种强的还原剂，容易氧化成甲酸，故不能与铬酸或锇酸等混合使用。此外，甲醛贮存过久则会变成蚁醛酸，可加入5%吡啶来中和。甲醛对于脂肪既不保存也不破坏，对于磷脂则有保存的功用。

3. 冰醋酸（glacial acetic acid）CH_3COOH

纯乙酸在低温时即凝结成冰花状结晶，所以又叫冰醋酸，它是带有强烈刺激性气味的无色液体，其熔点为17℃，能和酒精及水混合，为许多混合固定剂的成分之一。适合固定的乙酸浓度为0.3%～5%，固定组织常用5%的乙酸溶液。乙酸不能沉淀细胞质中的白细胞、球细胞，但能沉淀细胞核内的核蛋白，所以对染色质或染色体的固定与染色都有促进作用。由于乙酸不能固定脂质物，因此，在固定线粒体及高尔基体时不用高浓度的乙酸（若使用，也仅用0.3%以下浓度）。乙酸也不能保存碳水化合物。

乙酸主要的特点是渗透性很强，对适合的材料只需固定1h，一般可使细胞膨胀并防止收缩；同时，因为它不能凝固细胞质的蛋白质，所以组织不会硬化，常和酒精、福尔马林、铬酸等容易引起材料变硬和收缩的液体混合，以起到相互平衡的作用。

4. 铬酸（chromic acid）H_2CrO_4

铬酸为三氧化铬（CrO_3）的水化物，红棕色晶体，是一种很好的固定剂，可以使蛋白质、核蛋白、核酸等产生良好的沉淀，而且所产生的沉淀不再溶解。铬酸对脂肪无作用，对其他类脂物作用未定，适合固定的浓度0.5%～1%。

铬酸很容易潮解，故平时存放的容器必须严密封紧。由于铬酸为一种强烈的氧化剂，因此不能与酒精或甲醛等还原剂预先混合，混合好后必须立即使用，否则失效。例如铬酸遇到酒精，很快被还原为氧化铬（Cr_2O_3）而失去固定的作用。

组织固定在铬酸中时，不能直接暴露在阳光下，否则会引起已固定的蛋白质分解。固定后的组织，必须经流水冲洗21h，或用大量静水洗并时时换水，直到组织中不含铬酸为止。如冲洗不干净，或直接投入酒精中，则将被还原为绿色的氧化铬，并发生沉淀，导致染色困难（特别对洋红的着色影响尤大）。

铬酸在制片技术上广泛使用，尤其在细胞学研究方面是必不可少的药剂，是许多杀死剂和固定剂的基本成分，其缺点是容易使组织收缩，渗透力较弱，且能使组织发生过度硬化，沉淀作用强烈，故很少单独使用，而是常与作用相反的其他药剂混合使用，克服上述缺点，从而得到良好效果。

5. 苦味酸（picric acid）$C_6H_2(NO_2)_3OH$

苦味酸又名三硝基苯酚，是一种淡黄色具光泽的结晶，为一种强烈的爆炸药，干粉遇高温或撞击时易爆炸，因此常以过饱和水溶液进行保存，它在水中的溶解度根据室内温度而有所变化，一般溶解度约为 0.9%～1.2%，亦可溶于酒精（4.9%）、氯仿、醚、二甲苯及苯（10%）中。适合固定的浓度为饱和水溶液（约为 0.9%～1.2%）。

苦味酸可沉淀一切蛋白质，该沉淀为苦味酸与蛋白质的化合物，不溶于水，它对类脂物无作用，也不能固定碳水化合物。苦味酸的渗透力强，能使组织发生较强收缩，但不使组织硬化，并可增进随后的染色效果。

苦味酸很少单独使用，常与其他溶液配合用作固定剂。材料用苦味酸溶液固定后，可用 50% 或 70% 酒精洗涤，而不能用水冲洗（否则沉淀物将会被破坏），也可不经专门酒精洗涤（因为脱水时要经过一系列不同浓度的酒精，这一脱水过程可起到洗涤作用，而且材料在染色过程又需经过酒精及二甲苯等，亦可不断地洗去此种物质）。经处理后，组织中虽存留着黄色，但此颜色对于染色并无多大影响。若要洗净，可在 70% 酒精中加入少许碳酸锂或氨水进行洗涤即可。

6. 锇酸（osmic acid）OsO_4

锇酸即四氧化锇，是一种淡黄色的结晶，有剧毒。锇酸不是一种酸类，其溶液呈中性反应。此药品十分昂贵，通常将 0.5g 或 1g 结晶封储在小玻璃管内，配制溶液时，连同小管在瓶中击碎。锇酸是一种强烈的氧化剂，不能和酒精、甲醛混合，其水溶液饱和度为 6%，适合固定的浓度为 0.5%～2%，常备溶液为 2%。配制时需要特别小心，所用的蒸馏水要绝对纯净，还须贮藏在洗净的有玻璃塞的滴瓶中。在配制前须将玻管外商标洗去，并用酒精将有机物洗掉，然后在清洁剂中浸泡 10min，再用蒸馏水冲洗几次，待干后再投入滴瓶中加入一定量的蒸馏水，连同小玻管在瓶中击碎。如果所用的蒸馏水及盛具含有极微量的有机质存在时，也可使其还原为黑色，而失去固定的效应。配制好的锇酸溶液易挥发，故需密盖，外包黑纸，置于暗处或冰箱中。锇酸所挥发的气体能损害眼睛及黏膜，所以工作时不要接近面部。

为了便于保存，防止其还原，可用下列方法处理：

1）在溶液中加入适量高锰酸钾，使溶液呈玫瑰色（如颜色减退，可再次加入）；

2）将锇酸溶于 1% 的铬酸溶液中配成 1% 的溶液；

3）在溶液中加入少许碘化钠；

4）在 100mL 的 1% 锇酸水溶液中，加入 10 滴 5% 氧化汞。

锇酸是目前制片技术中最好的固定剂，特别是用于细胞学方面材料的固定效果更好，但由于其价格昂贵，故一般实验不常应用。电子显微镜技术超薄切片中常用锇酸作固定剂，同时亦作电子染色。锇酸不沉淀蛋白质，而是使蛋白质凝胶化，所以蛋白质被固定得很均匀，且可防止经酒精时使蛋白质发生沉淀，故用锇酸所固定的细胞能保持生活时的均匀性。锇酸还是类脂物的唯一固定剂，常用于高尔基体和线粒体的固定。锇酸被细胞中的油精（olein，存在于多数脂肪中）还原成氢氧化锇 $[Os(OH)_4]$ 成黑色沉淀，这样脂肪才不为多数脂溶剂（如苯）所溶解。但是，锇酸易溶于二甲苯，故制片时，最好以苯代替二甲苯，可得较好的结果。

锇酸的渗透力很弱，且不易将组织块固定均匀，往往材料外面固定过度而里面尚未完全固定，所以材料应该越小越好，待材料已全呈棕黑色时，表示固定作用完成。经此液固定的材料能保持组织柔软，且能防止组织经酒精时继续硬化。经锇酸固定的组织，能增强染色质对碱性染料的着色能力，而减弱细胞质的着色能力。

锇酸固定的材料，在脱水之前必须在流水中彻底洗涤，约需一昼夜时间，若切片后发现内部仍呈黑色，可在等量的 3% 过氧化氢和蒸馏水混合液中漂白，否则在脱水时遇酒精即被还原而发生沉淀。

7. 氯化汞（mercuric chloride）$HgCl_2$

氯化汞又名升汞，是一种剧毒的无色粉末，以针状结晶者为纯洁，能溶于水、醇、醚及吡啶中，适合固定的浓度为饱和或近似饱和水溶液，常备溶液为饱和（约为 7%）溶液。氯化汞不单独使用，而是常与乙酸等混合。

氯化汞是一种杀死力强、渗透力迅速、对蛋白质有强烈沉淀作用的固定剂，其缺点是容易引起细胞发生收缩现象。氯化汞不破坏类脂物及碳水化合物，但对它们亦无固定作用。

因为氯化汞易留存于组织中成为结晶体，故经氯化汞固定后必须彻底洗净。用饱和水溶液固定的要用水冲洗干净。用 70% 酒精为溶剂配制的氯化汞固定剂，则要用同浓度的酒精冲洗，如不能将它完全洗去则可在酒精中加一滴碘酒，酒精即成茶色，此时可将一部分黑色结晶除去；数小时后，由于碘与汞结合，茶色即消失，这时可再加几滴碘酒，直到加入碘酒后不再褪色即表明沉淀物已完全洗去。若汞去净后棕色的碘仍留在组织内，则可延长在 70% 酒精中的浸泡时间，或用 5% 硫代硫酸钠将碘液洗去。

经氯化汞固定的材料，要迅速进行包埋，以免材料久置后变质。含有氯化汞的固定液，对于细胞学的研究不宜使用。此固定液固定的组织对洋红、番红、苏木精等染色都很好，染色质能强烈地被碱性染料着色；而细胞质的结构也都能被酸性染料与碱性染料着色。

8. 重铬酸钾（potassium dichromate）$K_2Cr_2O_7$

重铬酸钾是一种橙色结晶粉末，有毒，在水中溶解度大约 9%，其水溶液带酸性。适合固定的浓度为 1%～3%，常备溶液浓度为 3% 和 5%。

重铬酸钾是一种强烈的氧化剂，因此不能与酒精、甲醛等混合贮存。此外，重铬酸钾还是一种强烈的硬化剂。重铬酸钾能使蛋白质均匀固定而不沉淀，对脂肪无作用，对线粒体的作用因情况不同而异，由于其穿透速度慢且渗透力弱，固定后组织收缩很少，有时反而稍膨胀，不过，经过酒精脱水和石蜡包埋后，其收缩程度会变得明显，一般用于固定较小的材料。固定材料须经流水冲洗 12h 或用亚硫酸洗涤，若直接进入酒精，则将形成氧化铬（Cr_2O_3）沉淀于组织中。

重铬酸钾很少单独使用，常与其他药品配合使用。因为配合后酸碱度不同，对于组织的固定可以产生两种固定象。当重铬酸钾与酸性液体混合后，pH 值在 4.2 以下时，其固定性能像铬酸，可以固定染色体，细胞质、染色质则沉淀为网状，但不能固定细胞质中的线粒体，如果 pH 值在 5.2 以上时，染色体被溶解，染色质的网状不明显，但是细胞质则保存得均匀一致，尤其对线粒体固定有很好的效果。

9. 碘（iodine）I_2

碘是一种很好的防腐剂，可与碘化钾配合成为良好的固定剂。配制方法：取饱和的碘化钾水溶液若干，加入碘的结晶直到饱和为止，经过滤再用蒸馏水稀释至淡棕色溶液，是低等单细胞生物、群体生物以及藻类植物等的良好固定剂。它的渗透力较强，如与冰醋酸或甲醛配合可得到良好效果。固定后用流水冲洗，如材料中还有淀粉核被着色未能洗去，可在水中加入 0.5% 鞣酸水溶液，即可将各种色彩除尽。

（二）混合固定剂

混合固定剂是利用两种（或以上）单一固定剂各自的优缺点相互平衡而配成，配制的原则一般有两点：①混合固定剂对组织的作用能够相互平衡，如一种固定剂使细胞收缩，另一种固定剂使细胞膨胀，则二者配合后使其优缺点相互抵消；②可利用一些固定剂的优点来弥补另一固定剂的缺点，如锇酸的杀死力极高，但渗透力却很低，可用乙酸来弥补它的缺点。需特别注意的是，强氧化性固定剂不能与强还原性固定剂同时配制在一起，若需混合使用，则两者分开配制，待临用时再混合。常见混合固定剂有：

1. 酒精-乙酸混合液

（1）卡诺氏液（Carnoy's fluid）

卡诺氏液能固定细胞浆和细胞核（尤其适用于染色体），故多用于细胞学研究制片。其中，纯酒精可固定细胞浆及沉淀肝糖，冰醋酸可固定染色质及防止酒精的硬化、收缩，并可增加渗透力，对外膜致密不易透入的组织特别适合。该液固定的组织适合各种染色法。

卡诺氏液常用配方有两种：

方法一：纯酒精 60mL、冰醋酸 10mL、氯仿（三氯甲烷）30mL；

方法二：纯酒精 75mL、冰醋酸 25mL。

卡诺氏液渗透力强、穿透速度快，小块组织一般固定 20～40min，大型材料不超过 4h。如：根尖固定 15min，花药固定 1h，蚕精巢 10min，马蛔虫子宫 30～40min，小白鼠睾丸 30～50min。如放置过久，对组织不仅会产生膨胀作用，且有硬化现象。此液尤其适用于固定染色体、中心体，对固定有丝分裂最合宜。此外，卡诺氏液对固定腺体、淋巴组织也具有较好效果，并能固定原生质动物的胞壳，固定后用 95％酒精或纯酒精洗涤 3 次，即可很快进行透明。如材料经此液固定后不能及时进行下一步操作，可保存于 80％酒精中。

（2）吉耳桑氏液（Gilson's fluid）

该液适用于固定肉质菌类，特别是柔软胶质状的材料（如木耳），也适用于无脊椎动物材料的固定。

配方：60％酒精 50mL、冰醋酸 2mL、80％硝酸 7.5mL、升汞 10g、蒸馏水 440mL。该混合液保存 24h 后即失效，须现配现用。

一般固定 18～20h，用 50％酒精冲洗，残留在组织中的升汞必须洗掉。

2. 福尔马林-乙酸-酒精混合液

植物组织除单细胞及丝状藻类外均适用，也适于昆虫和甲壳类的固定，但不适于作细胞学研究。

配方：50％或 70％酒精 90mL、冰醋酸 5mL 或较少、福尔马林 5mL 或较多。

配制此液时，其分量差异甚大，视材料性质而异，例如：固定木材，可略减冰醋酸、略增福尔马林；易于收缩的材料，可用增冰醋酸。

如用于作植物胚胎材料，则其配方可改为：50％酒精 89mL、冰醋酸 6mL、福尔马林 5mL。

处理柔软材料（特别是苔藓植物）时，可用低度（50％）酒精。固定时间最短需 18h，也可无限期延长。木质小枝须至少固定一周。冲洗时材料可直接换入 50％酒精中洗一两次即可，但木质材料应流水冲洗 48h，并在酒精（50％）和甘油溶液（1：1）中浸 2～3d，使其软化。

Mossman 氏液（福尔马林 10mL＋95％乙醇 30mL＋冰醋酸 10mL＋蒸馏水 50mL）渗透力较强，并兼有脱钙作用，适用于固定哺乳动物胚胎。

3. 铬酸-乙酸混合液

铬酸-乙酸固定液在生物制片中应用甚广，一般都可得到很好的效果，但多用于藻类、菌类、蕨类及其他植物组织的固定。铬酸与乙酸有几种不同的配合比例，主要根据材料和经验而加以变更。

配方一：10％铬酸水溶液 2.5mL、10％乙酸水溶液 5.0mL，加蒸馏水至 100mL。此液适用于容易穿透的植物组织，如藻类、菌类、苔藓、蕨类植物的原叶体，固定 12～24h 或更长。藻类和原叶体可缩短为数分钟到几小时。固定后流水冲洗 12～24h。

配方二：10％铬酸水溶液 7mL、10％乙酸水溶液 10mL，加蒸馏水至 100mL。该配方适用于植物组织，如根尖、小的子房或分离出来的胚珠。为了易于穿透，有时在该液中加入 2％麦芽糖或尿素，或 0.3％～0.5％皂草苷。固定时间 12～24h 或更长。固定后流水冲洗 24h。

配方三：10％铬酸水溶液 10mL、10％乙酸水溶液 30mL，加蒸馏水至 100mL。该配方适用于木材、坚韧叶子、成熟子房等植物组织。如有需要，可分别如上法添加麦芽糖、尿素或皂草苷。固定 24h 或更长。固定后流水冲洗 24h。

4. 铬酸-乙酸-甲醛混合液

铬酸-乙酸-甲醛固定液又名纳瓦申（Nawashin）固定液，该固定液系纳氏于 1912 年首创，此液到目前为止，经许多学者加以变更，种类较多。常用的改良纳瓦申固定液有以下几种（表 1-1）。

表 1-1 纳瓦申固定液   单位：mL

常备液		纳瓦申原液	纳瓦申固定液改良配方				
			Ⅰ	Ⅱ	Ⅲ	Ⅳ	Ⅴ
甲液	1％铬酸		40	40	60		
	10％铬酸	15				8	10
	10％乙酸		15	20	40	60	70
	冰醋酸	10					
	蒸馏水	75	45	40		32	20
乙液	福尔马林	40	10	10	20	20	30
	蒸馏水	60	90	90	80	80	70

此固定液为细胞学和胚胎学研究最适用且效果良好的固定液。在固定植物材料时，一般先用卡诺氏液固定 5～10min，然后再换此液，因小麦的子房、芽等材料的外部密被绒毛，用水溶液的固定液不易渗透，采用这种方法效果较好。

甲液中的铬酸为强氧化剂，而乙液中的甲醛则为还原剂，因此两液不能预先混合，在使用之前才将甲、乙液等量混合。表 1-1 中Ⅰ～Ⅴ号固定液对一般细胞学及组织学都适用。具体选用哪种固定液，视材料的柔嫩或坚韧程度而定，柔嫩而含水多者可选低浓度固定液Ⅰ或Ⅱ，坚韧者可选高浓度Ⅳ或Ⅴ。其中以Ⅲ最为常用。

上述五种固定液的固定时间为 12～48h。Ⅰ、Ⅱ号固定液可在水中冲洗；Ⅲ、Ⅳ号液可在 35％酒精中冲洗；Ⅴ号液固定后可直接移入 70％酒精中，每隔 0.5h 左右换一次，待绝大部分固定液洗去后，再移入 83％酒精中脱水。

5. 苦味酸混合固定液

苦味酸混合固定液又称为波恩（Bouin）液，在动物制片中应用甚广，如一般的动物组织、昆虫组织、无脊椎动物的卵和幼虫、胚胎学材料的固定。该液渗透迅速，固定均匀，组织收缩少，可把一般的微细结构显示出来，对苏木精及酸性复红易于着色。

一般组织固定 12～24h，小块组织数小时（4～16h）即可。固定后即可加入 70% 的酒精洗去苦味酸，可在每次更换酒精时加入一滴氨水以中和、漂白苦味酸，或加入少许碳酸钾饱和水溶液以洗去黄色。组织在经酒精脱水时也可洗去苦味酸，即使留有少量苦味酸，对一般染色并无影响。

苦味酸混合固定液在植物制片中常易使材料变脆，造成切片困难，因而很少用原来的配方。目前在植物切片技术上所采用的均为经过改良的配方（表 1-2），对于裸子植物的雌配子体和被子植物囊胚自由核时期及根尖分裂细胞的固定效果良好，因此在植物胚胎学的研究方面广为应用。

表 1-2　波恩液及其改良配方

常备液		波恩原液	改良配方			
			I	II	III	IV
甲液	苦味酸饱和溶液/mL	75	75	75	20	35
	福尔马林/mL	25	25	15	10	10
	10%乙酸/mL				20	
	冰醋酸/mL	5	5	10		5
乙液	1%铬酸/mL				50	50
	铬酸/g		1.5	1		
	尿素/g		2	1		

改良配方 I 称为埃伦式改订液 B-15，适用于哺乳类组织，特别对染色体的固定最适合；也适用于植物组织，特别是对芽的固定有良好效果，对细胞分裂中期和后期染色体的固定特别好。该固定液的配制方法为：先将甲液加热到 37℃，然后加入 1.5g 铬酸，搅拌均匀后，再加尿素 2g，此时即可放入材料，温度保持在 37～39℃。配制时所用药品必须纯净，如福尔马林不纯，加尿素后将有沉淀；如配合后出现黑色而不是红棕色，可能是福尔马林或铬酸不纯。此混合液中铬酸易被福尔马林还原，配制后约 0.5h 即可转变为绿色，很快失去效用，因此该液配制后须立刻使用。一般在 1～4h 内可完全固定，但材料仍可留在其中过夜。可直接在 70% 酒精中洗涤，时时更换，直到无黄色为止。

改良配方 II 称为埃伦式改订液 B-3，该固定液适用于直翅目昆虫生殖细胞染色体固定。配制方法：将甲液加 1g 尿素后，稍加温并搅拌到完全溶解为止。同时可在 5mL 此液中加 50% 的铬酸水溶液 4 滴。使用方法同 B-15。

改良配方 III 和 IV 称为萨斯氏改订液。该固定液适用于百合科植物的芽和花药，也适用于植物胚胎学材料的固定。使用之前将甲、乙两液等量混合。使用方法同 B-15。

6. 升汞混合液

（1）Zenker 氏液

配方：升汞　　　　　　　　　　　5.0g

　　　重铬酸钾　　　　　　　　　2.5g

碳酸钠	1g（可略去不用，因无固定作用）
蒸馏水	100mL（以上为 Zenker 贮存液）
冰醋酸	5mL（用时加入）

配制此液可将升汞、重铬酸钾一起置于蒸馏水中，加温至 40～50℃使其溶解，冷却后过滤，贮于棕色瓶内，用时取贮存液 95mL，再加入冰醋酸 5mL 即成，pH 值 2.3。

升汞混合液的固定作用是铬酸、乙酸和升汞产生的，其中铬酸由乙酸加入后重铬酸钾酸化而产生。铬酸和升汞为蛋白质沉淀剂，也能沉淀染色质，乙酸为染色质沉淀剂。铬酸可防止升汞过分硬化组织，乙酸可减少组织被铬酸收缩的倾向，并可弥补铬酸穿透慢的弱点。

Zenker 氏液为组织学、细胞学及病理学研究常用的固定剂，多用于一般组织，能使细胞核和细胞浆染色较为清晰，固定时间 12～36h，加热固定可以加快渗透作用。固定后流水冲洗 12h，在乙醇（70%）脱水过程中加入碘液（0.5%碘酒精）以去汞。

（2）Helly 氏液（Zenker-formol）

将上述 Zenker 氏液配方中的冰醋酸换成甲醛液 5mL 即成（因加入甲醛 24h 后即生成沉淀而失效，故须在用时加入）。

配方：升汞	5.0g
重铬酸钾	2.5g
碳酸钠	1g（可略去不用，因无固定作用）
蒸馏水	100mL
甲醛（40%）	5mL（用时加入）

此液的固定作用在重铬酸钾、升汞及甲醛。重铬酸钾可固定类脂体，故能把线粒体固定得很好。升汞可防止重铬酸钾对染色质的溶解，也是蛋白质沉淀剂，故细胞浆固定良好。甲醛为促染剂，使细胞浆、线粒体易于染色。

Helly 氏液常用于研究线粒体、细胞浆、细胞核固定较好，也为固定细胞颗粒最好的固定剂，用于造血脏器、脾、肝等组织最为适宜。一般大小组织固定 12～24h，固定后流水冲洗 12～24h，用碘酒精去汞。

（3）Maximov 氏液

配方：Zenker 贮存液	100mL
甲醛（中性）	10mL

此液主要使用甲醛代替 Zenker 氏液中的冰醋酸，因此不产生铬酸成分。重铬酸钾未酸化，对细胞浆固定很好。甲醛稍有促染细胞浆的作用，增加对酸性染料的亲和力。升汞对细胞核染色较好。

（4）Heidenhain 氏"Susa"液

配方：升汞	4.5g
氯化钠	0.5g
三氯乙酸	2g
冰醋酸	4mL
甲醛	20mL
蒸馏水	80mL

此液为正常或病理组织较好的固定剂之一，因含有三氯乙酸和氯化钾，对较硬的组织特别有用，如皮肤、蛔虫、昆虫幼虫等角质层较厚的组织均可采用。该液渗透力强，2mm 的薄块组织只需 3h，固定后直接投入 95%酒精中（勿入水或低浓度酒精，以免结缔组织膨

胀），可在酒精内加入碘酒精（95％酒精配制）以去汞（去汞过程也可在切片染色前进行）。

　　Susa 液固定作用快，对结缔组织收缩较小，容易切片，脱水时间也短。对 Weigert 氏弹力纤维染色困难，而适于俄西印（orcein）法。

7. 重铬酸钾混合液

（1）Müller 氏液

配方：重铬酸钾	$2\sim2.5$g
硫酸钠	1.0g
蒸馏水	100mL

此液作用缓慢，但固定均匀，收缩也少，多用于媒染和硬化神经组织；固定时间自数天至数周，固定过程中，须时常更换新液。固定后流水冲洗，酒精脱水。

（2）Altmann 氏液

配方：5％$K_2Cr_2O_7$ 水溶液	10mL
2％锇酸水溶液	10mL

临用时混合，为线粒体、脂肪良好的固定剂，固定白细胞颗粒较好。小块组织（2～3mm）固定 24h，流水冲洗 24h。

（3）Champy 氏液

配方：3％$K_2Cr_2O_7$ 水溶液	7 份
1％铬酸水溶液	7 份
2％锇酸水溶液	4 份

该液是一种 pH 值为 1.5、可长期贮存的锇酸混合液，是优良的细胞学固定剂，主要用于线粒体研究。其中铬酸能沉淀蛋白质，锇酸固定线粒体及高尔基体，因渗透力弱，组织块宜小，固定时间 6～24h，流水冲洗过夜。

（4）Orth 氏液

配方：重铬酸钾	2.5g
硫酸钠（可略去）	1g
蒸馏水	100mL
甲醛（37％～40％，用时加入）	10mL

此液为较好的常规固定剂，神经组织、胚胎、糖原和脂肪等均可应用，其渗透力极强，组织发生收缩较少。需注意的是：必须临用前配制，固定应在暗处进行。固定 12～24h 或更久（如 4mm 厚的组织需固定 36～72h）。若固定时间需超过 24h，则每隔 24h 更换一次新液。此液若呈黑色即失去效用。材料固定后流水冲洗 10～24h，保存于 70％酒精中。

（5）Smith 改良 Tellyesniezky 氏液

配方：重铬酸钾	0.5g
冰醋酸	2.5mL
甲醛	10mL
蒸馏水	87.5mL

用于蛙卵的固定效果甚佳，固定 24～48h，然后再水洗 6～12h。脱水从 15％酒精开始。

（三）固定时的注意事项

1）材料新鲜，取样后要立刻固定；

2）固定材料须浸入固定液中，如材料不下沉，可将材料和固定液一并倒入注射器中，抽气除去气泡，使材料下沉；

3）材料不宜太大，厚度小于 5mm，长、宽不超过 15mm×15mm；

4）一般固定液以新配为好，配好后应贮存于阴凉处，不宜放在日光下；

5）有些混合固定液由甲、乙两液合并而来，要在使用前才合并，如混合太早，固定时容易失效；

6）一般而言，固定液的量是组织块大小的 20 倍，固定时间长短视固定剂的种类、气温和组织块大小而定。

三、洗涤

（一）洗涤的目的

组织块经过固定后，须将组织内部的固定液洗去，否则留在组织中的固定液会妨碍染色效果，或引起沉淀、结晶而影响形态观察，也可能会继续发生化学反应造成后续操作困难。所用的洗涤液应根据所用固定剂的性质而定。

1）固定剂为酒精，或酒精混合物，一般不要求冲洗，如需冲洗，必须采用与固定剂中的酒精浓度相同或相近的酒精冲洗，不可用水或浓度相差很大的酒精冲洗。用福尔马林固定的标本一般也不需冲洗，但长久固定于福尔马林的标本应充分水洗，否则会影响染色。

2）固定剂以水配制的用流水冲洗，可使组织中的固定液随时溢出随时洗去，可洗得干净。

3）凡是含有铬酸、重铬酸钾的固定剂，必须用流水冲洗，冲洗时间应与固定剂时间相同，或多于固定剂时间。

4）含有苦味酸的固定剂，无论是水溶液或酒精溶液，都应冲洗，最好用 70% 的酒精，也可用水冲洗 12h 后脱水。苦味酸的黄色在 70% 酒精中能自行脱去，或加入碳酸锂饱和水溶液进行洗涤。

5）如固定剂中含有氯化汞，应根据溶液的性质用水或酒精冲洗，冲洗完毕必须在 70% 酒精中加碘液去汞（因为汞在组织内易形成结晶不利于切片，并形成假象，不利于观察）。去汞后再用 5% 硫代硫酸钠去除碘的黄色。

6）使用锇酸及含有锇酸的固定液，必须用流水冲洗，因锇酸使组织发黑而影响染色，经酒精时生成沉淀。

7）冲洗时间视固定剂种类和材料大小而异，一般 10～24h。

（二）洗涤方法

1. 水洗涤法

洗涤时，将固定后的组织块放入广口瓶内，用纱布罩住瓶口并用橡皮筋紧扎，置于自来水龙头下，让流水经水龙头上套接的橡皮管从瓶底部缓慢注入瓶中，自然溢流。注意：水流不宜过大，以免损坏材料，冲洗时间基本根据固定时间长短而定，一般需要 10～24h。

2. 酒精洗涤法

用酒精洗涤时其浓度应与固定剂相似，以免浓度差过大发生扩散流而损伤细胞的机构，一般材料与酒精的体积比例为 1：10，洗涤次数多寡与时间长短依组织块的大小和性质、固定液种类和固定时间等条件而定。组织块较大而坚韧、固定时间较长的，则洗涤的时间也较长。一般而言，开始换洗的一两次，每次间隔可短些（20～30min），以后几次可延长到 1～

3h，最后可在70％酒精中过夜。

四、脱水

（一）脱水目的

各种材料经固定与冲洗后，组织中含有大量水分，因为水与石蜡不能溶合，必须使用一些有机溶剂（称为脱水剂）以去除材料中的水分，以利于组织保存和后续进行的透明、浸蜡等步骤。因为透明剂（如二甲苯、氯仿）必须在组织完全无水时才能渗入，所以脱水必须彻底。但是，为防止组织强烈收缩或使组织发生变形，脱水应逐步进行，一般把脱水剂（如酒精）配成各种浓度，自低浓度到高浓度循序渐进，材料经各级浓度的脱水剂使其中所含的水分逐渐减少而代之以脱水剂。

（二）脱水剂类型

脱水剂必须具有亲水性且能与有机溶剂互溶，一般有两种类型。

（1）非石蜡溶剂的脱水剂

如酒精、丙酮等，组织在脱水后必须再经二甲苯等透明才浸蜡。

（2）脱水兼石蜡溶剂的脱水剂

如正丁醇、二氧六环等，组织在脱水后即可直接浸蜡，无需经过透明步骤。

（三）常用脱水剂的特点

1. 乙醇 （alcohol）

可与水以任意比例混合，且能硬化组织，价格低廉，方法简便，是石蜡切片中应用最普遍的脱水剂，其缺点是高浓度酒精容易使组织收缩和硬化，由于它是非石蜡溶剂脱水剂，所以脱水后必须经过与石蜡相溶的透明剂（如二甲苯）透明后方能浸蜡，操作比较烦琐。

由于高浓度酒精对组织有强烈的收缩及脆化缺点，组织在水洗后不能立即投入高浓度酒精中。用酒精配制的混合固定液，应从同浓度酒精开始脱水。固定液为纯酒精配制的，如Carnoy 氏液（纯酒精＋冰醋酸＋氯仿），经其固定后的材料可直接用纯酒精脱水两次。用蒸馏水配制的固定液，一般从30％酒精浓度开始，而细胞学研究用材料则应从10％浓度酒精开始脱水，经过30％、50％、60％、70％、80％、90％、95％、100％酒精依次进行。一般组织（除神经组织、柔软组织外）可从70％酒精开始，经80％、95％、100％酒精，使其逐步脱水。为保证脱水彻底，材料应在纯酒精中处理2～3次。

脱水时间依照组织种类、体积大小和厚度而定，一般来说应与组织块的体积成正比，在脱水包埋多种组织材料时应视组织的性质类型分别脱水。以贝类或鱼类组织为例，从70％酒精取出开始脱水，各步骤时间可参见表1-3。生产性生物制片和批量制片脱水可在自动脱水、透明和透蜡机（图1-1）中进行，设定好各步骤时间，仪器可自动完成脱水及后续透明、透蜡步骤。脱水也可按步骤手工逐步进行。

表1-3　贝类或鱼类组织脱水步骤和时间

脱水步骤序号	酒精浓度/％	组织块厚约 5mm/h	组织块厚小于 3mm/h
1	80	1	0.5
2	95	2	0.5

脱水步骤序号	酒精浓度/%	组织块厚约5mm/h	组织块厚小于3mm/h
3	95	2	0.5
4	100	2	0.5
5	100	2	1
6	100	1	0.5

酒精脱水的注意事项：

1）在低浓度酒精（＜70％）中，每级不宜停留时间太长，否则易使组织变软解体。

2）在高浓度酒精或纯酒精中，每级停留时间也不宜过长，否则会使组织收缩变脆，影响切片。如需过夜，应停留在70％酒精溶液中。

3）如果脱水是手工完成，必须在有盖且干燥的瓶子内进行，尤其是高浓度酒精易于吸收空气中的水分，阴雨天空气中湿度较大更应注意。

4）脱水应彻底，否则影响透明剂的渗入。

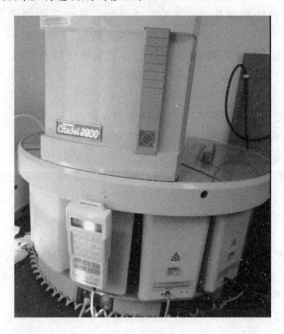

图1-1　全自动组织处理机

2. 丙酮（acetone）

可以代替酒精作为脱水剂，其作用和酒精相似，脱水能力比酒精强，脱水速度快，但对组织收缩较大，能使蛋白质沉淀，硬化组织，能和水、醚、酒精、氯仿及苯以任何比例混合，但不与树胶、石蜡相混合，所以用丙酮脱水的材料仍需经透明后才能包埋。丙酮不适于较大材料的脱水，多用于快速脱水或固定兼有脱水的方法中。

3. 正丁醇（n-butyl-alcohol）

为黄色液体，沸点100~118℃，易挥发，吸入后能发生头痛。脱水能力弱，但组织收缩少，可与水或酒精混合，能溶解石蜡，可不经透明直接浸蜡。脱水程序为：经过各级酒精换入正丁醇中更换一次新液，最后投入正丁醇石蜡中。

4. 叔丁醇 （tertiary butyl-alcohol）

为异丁醇的一种，无毒，熔点25℃（故需要保存于温箱内），可与水、酒精、二甲苯等混合，目前单用或与酒精混合，是一种应用很广的脱水剂，比正丁醇更好。此液不会使组织收缩或变硬，不需经过透明剂即可直接浸蜡，电子显微技术中常用此剂作为中间脱水剂。在脱水时，先将材料在乙醇或丙酮中脱水到50%，然后移入叔丁醇经过各级脱水。每级停留时间与正丁醇类似。最后一次换叔丁醇后，可用等量叔丁醇与石蜡混合，经过1~3h后再移入纯石蜡中。

5. 环己酮 （cyclohexanone）

环己酮为石蜡溶剂，沸点140℃，冰点－40℃，密度与水相似，无毒，可与苯、二甲苯、氯仿等有机溶剂混合，可代替纯酒精脱水后直接入石蜡，组织不会变硬，不需再经二甲苯透明。

6. 二氧六环 （dioxane）

为无色液体，沸点101℃，密度1.0418g/cm³，易挥发，可与水、酒精、二甲苯、石蜡、树胶混合，能溶解苦味酸及升汞，并为石蜡溶剂，低温下溶蜡慢，加热时很快。使用时按常法水洗后，入二氧六环2~3h（更换2次，瓶底应加无水硫酸铜），再入二氧六环与石蜡混合液（1:2）1~2h，入纯石蜡2h（盛石蜡容器底垫以纱布，因二氧六环比石蜡重，可沉于瓶底）。按常法包埋，切片后入二氧六环脱蜡。

二氧六环的优点：

1）可用于多种固定剂所固定的组织，组织水洗后可直接入二氧六环中脱水，不需经纯酒精、二甲苯等步骤，避免组织因此而变硬变脆，缩短操作时间。

2）不会使组织收缩及硬化，所以组织在溶液内可停留较长时间。

3）二氧六环能溶解苦味酸和氯化汞，所以用Bouin液或Zenker液固定的材料可直接放入而无需洗涤；经过三氯乙酸脱钙后也可直接放入二氧六环中。因重铬酸钾不溶于二氧六环，经其固定的材料则必须先充分水洗。

二氧六环的缺点：

1）有毒，且毒气无臭味，吸入人体后不自觉，毒性有积累作用，有损健康。当室内二氧六环气达到1:1000浓度时有中毒危险，对肝、肾、肺病患者尤不合适。应特别注意，使用时切勿敞开瓶塞使毒气散出。

2）易燃，不能蒸馏回收，可用氯化钙或无水硫酸铜吸去水分后重复使用。

3）对有空隙的材料易产生气泡，妨碍透蜡，脱水时可抽气。

五、透明

（一）透明的目的

材料在非石蜡溶剂（如酒精）中脱水后，由于脱水剂不能与石蜡互溶，故不能马上浸蜡。因此，脱水后组织里充满的脱水剂必须用透明剂代替。透明除了使材料中的非石蜡溶剂被透明剂多替代、使石蜡能够顺利进入材料外，还可以增强材料的折射率，有利于光线透过，使材料呈现不同透明状态而便于显微观察。透明好的材料应呈半透明或透明状。

（二）透明剂

透明剂必须既能溶于脱水剂又能和石蜡等包埋剂相溶。常用的透明剂有二甲苯、甲苯、苯、氯仿、丁香油、香柏油等。

1. 二甲苯（xylol）

二甲苯是目前应用最广泛的一种透明剂，为无色透明液体，沸点 144℃，易挥发，易溶于酒精、醚等溶剂，又能溶解石蜡、加拿大树胶，透明力强，作用迅速，其缺点是易使材料发生收缩变脆。材料必须彻底脱尽水分，否则发生乳状混浊。

为了避免材料收缩，材料从纯酒精中取出后应先过渡到纯酒精和二甲苯混合液，然后再浸入纯二甲苯中，其透明步骤见表 1-4。

表 1-4　二甲苯透明步骤和时间

步骤序号	透明溶液	时间/min
1	1/2 无水乙醇：1/2 二甲苯	20～30
2	二甲苯	20～30
3	二甲苯	20～30

材料在每级的停留时间视材料大小而定，小组织每步以 30min 为宜，大块组织每步可延长至 1h。总的透明时间不宜超过 3h，放置过长会使材料收缩或变得硬脆。

二甲苯也常用于切片封藏以前的透明，其优点是不易使染色的切片褪色。

2. 甲苯（toluol）

甲苯的性能与二甲苯相似，沸点较二甲苯低，透明较慢，但组织在其中留置 12～24h 也不变脆，可作二甲苯的替代品。

3. 苯（benzene）

苯的性能与二甲苯相似，对组织收缩较少，是理想的透明剂。苯的沸点（80℃）较二甲苯更低，易挥发，且易爆炸，人吸入苯能引起中毒，用时须小心。

4. 氯仿（chloroform）

氯仿又名三氯甲烷，能溶于醇、醚及苯等，仅微溶于水，挥发性能要比二甲苯强，气体有甜味，呼吸过久会引起麻醉。氯仿的渗透力较弱，对材料的收缩性能也较小，透明时间应相应延长，适用于透明大块组织。火棉胶法的制片均采用氯仿作透明剂，石蜡法也可应用。此外，氯仿能破坏染色，故对已经染色的切片作透明时不宜使用。在盛装时应用棕色瓶，并避免日光暴晒，否则可逐渐氧化成为剧毒的"光气"。

5. 香柏油（cedar oil）

纯香柏油多用于油镜上。普通香柏油常混有杂质（如二甲苯等），可用作透明剂，不易挥发且不易使材料收缩变硬，但作用很慢，小块组织亦需 12h 以上。由于其不易被石蜡所替代，也不能与树胶相混合，所以经香柏油透明的组织最好用二甲苯或苯洗几次，以除净香柏油，加速石蜡渗透。

6. 丁香油（clove oil）

丁香油为淡黄色液体，能溶于醇、氯仿及醚，透明能力强于二甲苯，缺点是容易使植物材料变脆，蒸发太慢而不易干燥。

丁香油为切片染色后、树胶封固以前最好的透明剂。例如固绿、橘红 G 等，可在丁香油中溶成饱和液进行二重或三重染色，可达到染色、分色、透明的效果。经丁香油透明后的制片，尚需要经过二甲苯处理一下以将组织中的残油除尽，否则色彩不鲜明。另外，丁香油蒸发得慢，如不经二甲苯处理，制片虽放置很长时间亦不易干。由于丁香油价格较贵，应用时往往采用滴剂，处理后多余的可收回再用。

7. 冬绿油（winter-green oil）

冬绿油可作整体制片的透明剂，尤其对于显示植物维管系统的制作效果很好，但因其渗透很慢且具有毒性，平时较少应用，而采用其他试剂代替。

（三）透明注意事项

1）使用透明剂时，要随时盖紧盖子；

2）每次更换透明剂动作要迅速，一方面是为了不使材料变干，另一方面是避免吸潮；

3）在透明过程中，如果材料周围出现白色雾状，说明材料中的水未被脱净，应退回纯酒精中重新脱水再透明。

六、透蜡

（一）透蜡的目的

透入是指石蜡、火棉胶、炭蜡、明胶等支持剂透入经过透明的材料内部的过程，透入剂为石蜡则称为透蜡（浸蜡）。透蜡后石蜡完全渗入到细胞的每个部分，使组织与石蜡成为不可分离的整体。透蜡的目的，一是使组织变硬有利于切片，二是使组织块内各组分间的相互位置保持一定，基本上维持生活时的状况。

包埋是指将经石蜡浸透的组织放入装有熔化的石蜡包埋盒（纸盒亦可）中，降温后，材料便和石蜡融为一体，成为蜡块。

（二）石蜡的性质

透入剂的种类有石蜡、火棉胶、炭蜡、明胶等，其中以石蜡为生物切片中应用最为广泛的包埋剂。石蜡是提炼石油的副产品，因熔点不同可分软蜡和硬蜡两种，熔点（45～54℃）低者较软称为软蜡，熔点（55～62℃）高者较硬称为硬蜡。石蜡的选择应根据材料性质和室温高低而异。一般动物材料常用熔点为 52～56℃ 的石蜡，植物材料常用熔点为 54～58℃ 的石蜡。室温高时选用高熔点石蜡，室温低时则选用低熔点石蜡。例如，夏天室温较高，一般以 56～58℃ 或更高熔点为宜，否则较难切片，也可在切片之前降低石蜡块温度（切片之前放入冰箱中预冷）；冬季室温低所用石蜡熔点也应较低，以 46～48℃ 为宜，也可升高室温。通常室温在 10～19℃ 选用 52～54℃ 的石蜡。

在石蜡制片中，为了得到更好的效果，可以用 2 种或 3 种不同熔点（54℃、56℃和58℃）的石蜡配合使用。此外，因为纯粹的石蜡质地疏松，虽然可采用将其置于容器中作较长时间煮炼的方法而变得紧密，但是无论如何其中还是有微小的空隙存在，而蜂蜡质地柔软润滑并带有黏性，故常采用石蜡和少许蜂蜡（黄蜡）混合使用（至于加入蜂蜡的比例要视材料的性质来决定，一般为石蜡 5 份、蜂蜡 1 份），从而达到很好的效果。

市售的新石蜡，应根据质量差异做相应处理。质量好的切片石蜡使用之前可以不经熔炼，而一般的石蜡由于含有较多挥发性物质、灰分等杂质，必须经过反复熔炼后方能使用，即把石蜡经过反复加温（<70℃）熔化—保温—自然冷却凝固，使其挥发性成分慢慢挥发除去，直至凝固后未见白色晶体状小点和气泡，石蜡均匀致密。熔炼好的石蜡经纱布过滤后便可使用。用过的旧石蜡应收集，可加热除去二甲苯或水分，再过滤使用，效果优于新蜡。

注意：石蜡加热熔化时不能加热至起火点（一般至冒浓烟时应停止加热）。熔炼石蜡前应做好灭火准备，一旦起火，可通过隔绝空气方法灭火。

（三）透蜡步骤

透蜡一般是从低温到高温，从低浓度到高浓度，这样可使石蜡慢慢渗入组织内，而将透明剂替代出来。如果操之过急，则石蜡浸入不彻底，从而影响透蜡效果。整个透蜡过程应在恒温箱中进行，透蜡时间与材料大小和性质有关，一般组织厚度在 3mm 以下的组织，透蜡 3h 左右。具体步骤参见表 1-5。

表 1-5　贝类或鱼类组织透蜡步骤和时间

步骤序号	熔蜡	温度/℃	组织块厚约 5mm 浸蜡时间/h	组织块厚小于 3mm 浸蜡时间/h
1	软蜡	<54	2	0.5
2	硬蜡	58～60	2	0.5
3	硬蜡	58～60	2	1.5

（四）透蜡注意事项

1）尽量保持在较低的温度中进行，以石蜡不凝固为度，温度过高，材料容易变脆，不利于切片；

2）透蜡温度要恒定，不可忽高忽低；

3）无论是新蜡还是旧蜡，使用之前都应加热过滤后使用，除去杂质。

七、石蜡包埋

（一）包埋目的

可用以包埋的包埋剂包括石蜡、火棉胶、炭蜡、明胶等，其中石蜡是组织学切片技术最常用的包埋剂，即把浸透过石蜡的组织浸浴在熔化的石蜡里，凝固后成为一定的形状以便切片。包埋可以用纸盒或专用的石蜡包埋模具（如图 1-2）。纸盒常由质地较厚，硬而光滑的纸（如牛皮纸）叠成长方体形状，为一次性使用。包埋模具由不锈钢底模构成。

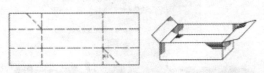

(a) 包埋纸盒

(b) 包埋底模

(c) 塑料框架

(d) 包埋好的石蜡块

图 1-2　包埋模具

（二）包埋步骤

包埋前应准备好相关器材：

1）洁净、干燥的包埋盒；

2）用于包埋的石蜡应熔化（温度不可太高）；

3）酒精灯、镊子和解剖针；

4）在面盆中放入凉水，用于包埋后冷却石蜡块。

包埋步骤：

1）将已熔化的纯石蜡迅速倒入纸盒中［图1-2(a)］，大约为纸盒1/3体积，如石蜡中有气泡，可用加热的镊子或解剖针去除。

2）待盒底部的石蜡凝固一薄层（不可凝固过久，能承载材料重量即可，凝固过久易和后面倒入的石蜡分层）。

3）将材料用已加热的镊子移入纸盒内，并迅速将材料按照所需要的切面整齐地排好，放入材料的数量可根据模具大小而定，要注意每个材料之间要有一定的距离（可用铅笔在纸盒材料对应位置做好标记），避免修整蜡块时破坏到材料。随后倒入熔化的石蜡将模具充满。材料四周如有气泡，可用加热的解剖针赶出，同时也使得材料和周围的石蜡温度一致，而避免石蜡在凝固后与材料发生分离而影响切片。

有的包埋底模［图1-2(b)］配有塑料框架［图1-2(c)］。包埋时，将材料放入不锈钢底模中，倒满石蜡后，将塑料框架放在底模上，待塑料框架和底模接触周围的石蜡凝固，塑料框与底模为一体时，再加满石蜡，放置冷却后，便可取下底模，石蜡块便固定在塑料框架上［图1-2(d)］。

4）待石蜡表面凝固一薄层时，用双手平稳地将纸盒放于冷水中，等到表面凝固后，将纸盒全部压入水中，使石蜡迅速凝固。如果让其自动凝固，则石蜡常常发生"结晶"现象，而不能进行切片。

包埋过程也可在石蜡包埋自动和半自动机器上进行。包埋机上包括包埋台、冷却台、熔蜡缸、组织盒储存盒、镊子加热孔等，如图1-3。包埋好后可直接放于冷却台上冷却。具有快捷、方便的特点。

图1-3　石蜡包埋机

（三）包埋注意事项

包埋的好坏，直接影响到切片的效果，因此，包埋操作应熟练而迅速，特别要注意石蜡温度的控制（65℃左右），若温度过高则石蜡凝固太慢，第二次加入的石蜡容易把第一次的石蜡熔化掉，而且往往在蜡块中出现气泡；若温度过低，不仅不易操作，而且常使材料与周围的石蜡不能紧密凝固，也不易赶走气泡，造成材料与石蜡分离的现象，不能进行切片。由于石蜡冷凝后脆性变大，可加入一定量蜂蜡以增加石蜡的韧性（石蜡：蜂蜡＝9：1）。

包埋后的石蜡块应为均匀半透明状态，但有时会出现白色浑浊"结晶"，导致这一现象的原因主要有：

1）脱水不干净；

2）组织内部或石蜡中混有透明剂；

3）石蜡本身品质不良；

4）组织块放入纸盒时，周围的石蜡已成凝固状态；

5）石蜡冷凝得太慢。

八、切片与展片

（一）石蜡块的固着与整修

包埋好冷却后的材料，在切片之前，需进行蜡块的修整和固着。具体步骤如下：

1）将包埋好的材料从包埋盒中取出，如一个蜡块中有两个材料，应用单面刀片将两个材料慢慢切割开，不能用力过猛，否则易造成蜡块断裂，或致所包埋的组织损伤。

2）确定切面的方位，用刀片将石蜡块的四面做初步整修，将待切面的多余石蜡修去，尽量接近材料，并修掉材料周围的石蜡，使上下两边平行，材料周围留 2mm 左右石蜡，上下两边修成平行，这样切成的蜡带才成直线。一般都将蜡块修成梯形、正方形或长方形。如果用专用模具包埋，稍作修整即可。

3）将修好的蜡块固定在木制或金属的载蜡器上。其方法是：用蜡铲或解剖刀柄铲取少许蜡片碎屑，在酒精灯上加热熔化后倾注在载蜡器上，速将蜡块的底部与载蜡器紧贴并轻轻压一下，再加少许熔化石蜡于蜡块基部周围，以使石蜡块紧紧贴在载蜡器上为度。待蜡块冷却后即可进行切片操作。如果是用图 1-2 所示模具进行包埋，可不用载蜡台，将塑料框架直接固定于切片机上的夹物部上进行切片即可。

（二）切片

1. 旋转切片机

切片机包括石蜡切片机、旋转切片机、火棉胶切片机和冰冻切片机等，其中旋转切片机主要结构如下。

旋转切片机（图 1-4）常用于石蜡切片中，可对组织进行连续切片，切片厚度一般为 $1\sim25\mu m$，其主要部件包括：①转轮，即带有一半实心的轮子，当旋转轮用手摇转一次，夹物部的水平圆柱体也随着上下来回移动一次，向下移动经过刀口，组织块即被切去一块，然后向上移动，经过刀口后，微动装置就按所调节的切片厚度，以水平方向向前推进一片的厚度，连续摇转即可得连续蜡带；②螺旋齿轮推进器，控制切片厚度及推进载蜡器；③载蜡器夹（又称机头），安装载蜡器的部件，其上有方向调节器；④厚度调节器，连于齿轮上，用于调节切片厚度；⑤刀座及刀夹，刀座可以前后移动，刀夹用于调节切片刀的倾斜角度。

图 1-4 旋转切片机

1—转轮手柄；2—转轮；3—载蜡器；4——次性刀片的刀片架；5—刀座

2. 切片刀

切片刀的种类很多，根据形状可分为以下几种：

1）双凹形刀：刀的两面内凹，一般用于石蜡切片。

2）平凹形刀：刀的一面平直，另一面内凹，凹度较深的平凹面刀，适用于火棉胶法；凹度较浅的平凹面刀，适用于新鲜生物标本的切取，也可用于石蜡切片。

3）双平形刀：钢质较硬，刀身两侧均无凹度，是平直的，适用于滑行切片机和旋转切片机，适合木质及橡胶等材料的切取。

以上切片刀的材料为钢质，属于永久性切片刀，可多次使用。如果刀口变钝，可以通过自动磨刀机或手工磨刀使其恢复锋利状态。除了永久性刀片，还有一次性刀片，通常一片刀片可切几十到几百张片子。相对永久性刀片，一次性刀片通常薄而小，单片价格相对便宜，使用方便，无需磨刀，但对于过厚、过大以及坚硬、强韧的材料则不适用，此外，切片机需要配备有安装一次性刀片的刀片架。

3. 切片刀的保养

1）切片刀口很薄也很锋利，使用过程中注意勿使切片刀口与其他物体（尤其是僵硬的物体）碰撞，防止刀口缺损。

2）切片刀稍钝即需磨刀，切莫使刀口过度损耗而难以修正。人工磨刀时要配备专用的刀背、刀柄和磨刀石，磨刀方法要正确，否则达不到磨刀的效果。

3）切片刀使用后，要用软布蘸二甲苯擦洗干净切片刀上的石蜡碎末或水分等杂质，并用干的纱布擦干后放入切片刀盒中保存。如果较长时间不用，需在刀片上涂一薄层凡士林或液体石蜡，防止刀片生锈。

4. 切片和展片步骤

1）将粘有蜡块的载蜡器装在切片机的夹物部上。

2）将切片刀固定在刀架上，装刀以前必须检查刀口是否锋利。

3）调整切片刀的角度，一般以 $5°\sim8°$ 为宜。若刀口过于直立，切片时石蜡往往成粉屑粘在刀口内侧，即使切成片子，也都粘贴在刀上；若刀口倾斜太甚，则不能切取成片。以上两种情形均须适当调节切片刀的角度。

4）调整刀架与夹物部上石蜡块的距离，使石蜡平面与刀口尽量靠拢。

5）材料粗切，调整切片厚度，切片厚度可较厚（20～25μm），然后匀速摇动手轮，修整蜡块切面，直到组织块暴露。

6）调整切片厚度，一般石蜡切片以5～12μm厚度最为适宜。当然，具体要根据材料的性质、制片者的目的以及石蜡的特点来决定。

7）摇动飞轮进行切片。摇动时，用力要均匀，速度要适宜。初切的片子往往不完整，这是由于蜡块的表面不平所致，一般切数片后就能得到完整的蜡带。到蜡带长度达到20～30cm时，用镊子或毛笔选取完整的蜡带使其切口面（光面）向下，放入温水中展片。

8）切片工作完毕，要注意清理仪器和工具。切片刀上的石蜡，可蘸取少许二甲苯擦去，再用清净绒布擦干，放入盒内保存，以免生锈。切片机要仔细擦拭，保护机件延长使用寿命。

9）展片和贴片。展片是使皱褶的蜡带伸展平整，粘贴牢固，并且在染色时不易脱落。可采用温水展片或酒精灯展片。

温水展片方法：将切好的蜡带光滑面向下放入温水（40℃左右）中，水中放少许明胶作为粘片剂，待蜡带伸展平整后，直接用清洁的载玻片捞取，调整好材料位置，吸去多余水分，放于37℃恒温烘箱中烘干，使切片紧贴于载玻片上。

酒精灯展片方法：在涂有贴片剂（蛋白：甘油＝1∶1）的载玻片上，滴加2～3滴蒸馏水，用镊子夹住已切好蜡带的一端，小心地放在载玻片上（光亮面向下），将载玻片移至酒精灯的焰心部分稍微加热，使蜡带徐徐展开。注意：温度不宜太高，否则会造成熔蜡，使切片损坏。直至蜡带无皱褶，摆正蜡带位置并擦去蜡带周围多余水分后放入37℃恒温箱烘干。

5. 石蜡切片易出现的问题及原因分析

石蜡切片是一项比较精细的技术，常会因各种原因造成切片质量较差，甚至完全失败。现将石蜡切片工作中常见的问题、原因及补救办法列图表（图1-5，表1-6）如下。

(a) 石蜡带弯曲　　　(b) 切片皱褶　　　(c) 切片纵裂　　　(d) 切片厚薄不均

(e) 材料脱落　　　(f) 材料裂缝或破碎　　　(g) 石蜡块将切片抬起

图1-5　石蜡切片中常出现的问题

表1-6 石蜡切片时出现的问题、原因及补救办法

问题	可能的原因	补救办法
石蜡带弯曲不直 [图1-5(a)]	①石蜡块上下两边不平行 ②石蜡块上下两边和刀口不平行 ③刀口锋利不一,局部产生差异 ④蜡块一边较另一边软,或两边硬度不一致 ⑤材料未居蜡块正中央 ⑥材料大而形不正	①取下木台,将两边修平 ②调节夹物部,使两者平行 ③移动刀片,改用新的刀口 ④待蜡块冷却后再切,或重新包埋 ⑤用刀切去部分石蜡,使材料居中 ⑥切去大的一边石蜡少许
切片分离,不能连成带状	①室温过低 ②石蜡过硬 ③材料边缘留蜡太少 ④刀的角度不适合	①在切片机上面开一电灯加温或在阳光下进行 ②在蜡块面加一层软蜡(45℃)或用手指在蜡块面摩擦 ③重新包埋 ④矫正刀的角度
切片卷起成卷筒状	①室温过低 ②石蜡过硬 ③刀口太钝 ④刀的倾角太大	①在切片机上方加温 ②在蜡块面加一层软蜡 ③用毛笔将蜡片摊开压住,切2~3片后,即可成带 ④磨刀,移动刀口或换新刀片 ⑤减小倾角
切片黏附于切片刀,皱褶在一起 [图1-5(b)]	①室温过高 ②石蜡过软 ③刀口上留有一层石蜡 ④刀口钝	①在早晚凉爽时切片 ②将蜡块投入凉水中稍浸 ③增加切片厚度 ④改用硬蜡包埋(不得已办法) ⑤用二甲苯或氯仿拭去 ⑥磨刀或移动刀口
切片纵裂 [图1-5(c)]	①刀有缺口 ②石蜡块中含有颗粒、杂质 ③刀口留有碎屑或细纤丝 ④组织太硬	①移动刀片 ②将颗粒挑去 ③清洁刀口 ④在水中浸泡
切片有横波	①刀和台木固定螺丝太松 ②刀口倾斜度太大 ③刀口有石蜡屑	①旋紧螺旋 ②可放平1°~2°后再切 ③用氯仿拭去
切片厚薄不均 [图1-5(d)]	①切片机有机械故障 ②夹刀不当(倾斜度或大或小) ③未旋紧夹物部螺旋 ④石蜡块过大过硬	①矫正切片机本身的问题 ②对症治疗 ③旋紧螺旋 ④将蜡块在水中浸泡
每张切片厚薄不均	刀口震动,由于: ①材料太硬 ②刀的倾角太大	①在蜡块表面涂一层火棉胶 ②减小倾角
材料裂缝、破碎或脱落 [图1-5(e)(f)]	①脱水不干净 ②有透明剂残留 ③石蜡进入时,温度过高或时间过长 ④由于脱水剂与透明剂的影响,使组织变硬变脆 ⑤材料太硬或太粗	①无法补救 ②增加浸蜡时间,重新包装 ③无法补救,只有在重做时纠正 ④用正丁醇、叔丁醇和二氧六环等进行脱水和透明 ⑤软化组织,浸泡时间不要过长 ⑥石蜡块表面涂一薄层火棉胶溶液
切片时发出沙沙声	①组织块过硬 ②包埋时温度过高 ③冲洗不彻底,材料内留有结晶体(如用升汞固定的)	①使一部分组织露出,浸入水中使它软化 ②材料已毁坏,无法补救 ③无法补救
石蜡块将切片抬起 [图1-5(g)]	①由于摩擦而产生静电荷所致 ②石蜡块上边附有石蜡碎屑 ③刀口上附有石蜡碎屑	①提高室内温度 ②靠近刀口处点燃一煤气灯或酒精灯 ③用保安刀片清除 ④用二甲苯或氯仿清除

九、脱蜡和染色

（一）脱蜡

粘贴在载玻片的蜡片完全干燥后，为了便于染色和观察，需将组织内外的石蜡脱去。一般都是用二甲苯去蜡。脱蜡与染色通常在染色缸中进行。染色缸有多种，一般五片立式和十片卧式两种较为常用，内有凹槽，以隔开各载玻片。将需脱蜡的载玻片一张张小心插入脱蜡缸槽中。一般中途需换一次二甲苯，直到材料内外石蜡全部脱去，如果冬季温度过低，可通过加温（40℃）加快脱蜡速度。判断石蜡是否脱干净的方法是：将切片放入酒精中，如材料上泛白雾则说明石蜡未脱干净，应放回二甲苯中继续脱蜡。脱蜡完全后将载玻片移入酒精或水中（视染料溶于酒精或水中而定）并完成染色程序。染色的目的是使细胞或组织的各部分染上不同颜色，以增强反差，从而显示其不同的构造。成为染料的有机化合物必须要有两个条件：第一，要具有颜色；第二，要与被染组织间有亲和力。单有颜色而与被染组织间无亲和力者，只是有色物质，不能成为染料。

（二）染料的分类

1. 根据染料来源分

生物学上用的染料，按其来源可分为天然染色剂与合成染色剂两大类。

（1）天然染色剂

天然染色剂是从动物或植物体中提取出来的，为天然产物。目前用于生物染色的天然色剂种类不多，但很重要而且常用。如洋红、地衣红、苏木精和靛蓝洋红，其中最常用的是洋红和苏木精。

（2）合成染色剂

合成染色剂是用人工的方法从煤焦油中的一种或数种物质提炼制备而得，因此又称为煤焦染料，全是由芳香性的杂环化合物所构成，常用的人工合成染色剂有番红、苯胺蓝、碱性品红、块绿、苦味酸、甲基橙、刚果红、酸性品红、甲基紫、曙红等。

2. 根据化学性质分

根据化学性质，通常把染料分成三类，即碱性染料、酸性染料和中性染料。所谓酸性染料和碱性染料，并不是指染色液的酸碱性，主要是依据染料的主要有色部分是阴离子还是阳离子，若为阴离子则为酸性染料，若为阳离子则为碱性染料，阴阳离子都有颜色则称为中性染料（复合染料）。染料和溶液的酸碱反应无直接关系。例如碱性染料结晶紫的溶液呈酸性反应；曙红为酸性染料，但其染色溶液则呈碱性反应；中性品红系一种微碱性染料，而其染色液则为中性，遇酸呈现鲜红色，遇碱呈现黄色。

（1）碱性染料

此类染料具有一种有色的有机碱性基，能与无色的乙酸盐、氯化盐或硫酸根等结合，它含有氨基或二甲基等助色团，主要有色部分为阳离子，此类染料一般可溶于水或酒精中，常作为细胞核染色剂，如苏木精、番红、碱性品红、甲苯胺蓝等。

（2）酸性染料

此类染料通常为钠、钾、钙的酸性盐，含有酸性助色基团，如羟基、羧基和磺酸基，能溶于水及酒精，常作为细胞质染色剂，如固绿、伊红、亮绿、藻红等。

（3）中性染料

也称为复合染料，是由酸性染料和碱性染料混合后中和而成，这类染料中的阳离子和阴离子都各有一个发色团，能溶于酒精和水，如吉姆萨、中性品红。

3. 根据对生物组织细胞着色情况分

（1）细胞核染色剂

用于细胞核染色，如苏木精、洋红、番红、结晶紫、甲苯胺蓝、甲基绿等。

（2）细胞质染色剂

用于细胞质染色，如曙红、亮绿、橘黄 G、酸性品红、苦味酸和水溶性苯胺蓝等。

（3）细胞壁染料

能与细胞壁发生作用的染色剂，如番红、苯胺蓝等。

（4）组织化学染料

组织化学是在形态学基础上研究细胞或组织中物质的化学组成、定位、定量及代谢状态，可以用特定的染料对组织中某一化学成分进行染色，如苏丹黑、苏丹Ⅲ、苯胺蓝等用于显示脂质的染色。自从免疫组织化学问世以来，几乎所有的组织化学成分都可以用免疫组织化学方法检测，所以绝大多数组织细胞化学方法已被免疫组织化学法所替代。

（三）染色过程中的辅助试剂

染色除应用染色剂外，通常还借助其他药剂，以达到染色的目的，或是提高染色的效果。

（1）媒染剂

有的染料不能直接使细胞或组织着色，必须用一种试剂作染料和被染物之间的媒介，此试剂被称为媒染剂。因此，媒染剂既能与染料结合，又能和组织相结合。媒染剂通常是一种在水中电离的金属盐类及金属氧化物，如铝、铁、钾、铵、钙、铜、铬等金属盐及氧化物，如硫酸铝、氯化铝及乙酸铁等均可作为番红的媒染剂。凡是能与金属离子作用生成沉淀的染料，也称为媒染染料。金属离子与染料结合成有色复盐，进而使细胞或组织显示出不同颜色，这类复盐不溶于水和中性酒精，因此经染色的切片在水洗与酒精脱水过程中都不至于脱色。常用的媒染染料有苏木精、藻色素、卡红、茜素等。

某些特殊情况可不用媒染剂，如显示材料组织和细胞中的金属离子或原子，在被染物质中本身具有某些金属原子或金属离子，媒染染料和这些金属原子或金属离子配合，使其成为有色离子的络离子而显示出来。例如：显示组织中的钙，把切片直接放在氧化苏木精的酒精溶液中，不用添加媒染剂，处理数分钟后，组织的钙和氧化苏木精形成钙沉淀，呈蓝黑色而显示出来。

（2）促染剂

促染剂可使染料对组织的着色容易，但本身不参与染色反应。常见的促染剂如 Loeffler 氏美蓝液中的氢氧化钾、硼砂洋红中的硼砂、橘黄龙胆紫及番红中的苯胺油等。

（3）固色剂

切片或组织块经染色后，要经过冲洗与脱水等程序，所以染料与组织的结合必须具有一定的牢固性，这样，切片或组织块才不至于脱色。为了增强其牢固性，可在染色后浸于固色剂内，如菌素以氢氧化钙作固色剂，亚甲基蓝以钼酸铵作固色剂等。

（4）漂白剂

以铑酸处理过的材料往往变黑，难以染色，这些材料可在冲洗后漂白，也可在切片后染色前漂白。常用过氧化氢作漂白剂，浓度一般不大于 3%。

（5）分色剂

用来脱掉材料或切片材料被过度染色的染料，以达到使结构的着色对比清晰的目的。碱性染料通常用盐酸、乙酸和微带酸性的丁香油作分色剂；酸性染料以硫酸及微带碱性的水作分色剂，也可用铁氰化钾、高锰酸钾以及重铬酸钾的氧化作用，使其颜色变淡至无色。

（四）染色原理

染料化合物有颜色和有亲和力都是由其分子结构决定的，主要由两种特殊的基团所产生，即产生颜色的发色团、与组织亲和力的助色团。生物组织细胞被染上不同的颜色，是物理和化学综合作用的结果。

（1）物理作用

吸收作用。该观点认为，某些组织能被染色主要是由于吸收作用所致。组织染色结果与染料溶液颜色一致。如组织在品红溶液中染色，品红溶液为红色，组织染色后也为红色。

吸附作用。该观点认为，组织的染色是由于组织中蛋白质或胶体颗粒对染料溶液离子的选择性吸附所致。因为不同的组织和细胞具有不同的吸附表面，所以吸附的离子不同，从而被染上不同的颜色。

沉淀作用。该观点认为染料借助吸收与扩散作用进入细胞，并因细胞内含酸类、碱类或其他化学物质而发生沉淀，一旦沉淀就不易被简单的溶剂提取出来。沉淀作用虽有可能是化学作用，但一般不认为在染料与组织之间有真正的化学结合。

（2）化学作用

化学作用学说认为组织或细胞中不同的染色是由于染料引起的化学反应不同。在细胞组成中，各部分的酸碱性不同，从而导致它们与染料的结合性不同。如细胞质呈碱性，易与含阴离子的酸性染料发生亲而结合；而染色质呈酸性，易与含阳离子的碱性染料发生亲和而结合。某些类型的细胞，具有特殊的性质，如血红细胞能与中性染料发生亲和力而结合。因此，染色强弱与细胞组成及染料的性质密切相关，两者之间亲和力强，染色深，亲和力弱则染色弱。生物组织染色的机制十分复杂，目前任何一种学说都无法解释所有的现象，染色可能是化学和物理共同作用的结果。

（五）常用染料及染色剂的配制方法

1.苏木精

苏木精是制片技术的主要染料，最早大约在 1840 年发现，是由南美的苏木（热带豆科植物）干枝中用乙醚浸制出来的一种色素，为淡黄色或浅褐色的结晶体，其分子式为 $C_{16}H_{14}O_6$。

苏木精易溶于酒精而微溶于水及甘油，是一种染细胞核的优良染料，并可将细胞中不同的结构分化出各种不同颜色。从其结构式中可以看出，苏木精并不能直接染色，须经氧化成苏木红（氧化苏木精）使其成熟，且配合适当的媒染剂以增加它对组织的亲和力，才能达到染色作用。所用的媒染剂为铝、铁、铬等盐类，一般常用硫酸铵矾、钾明矾和铁明矾等。苏木精的色素根与媒染剂中的铝化合成蓝紫色的沉淀色素，该沉淀色素为强碱性，带有正电荷，因而它的作用类似碱性染料，该沉淀色素易溶于水，但与组织结合后，则难用水或酒精洗去。但苏木红与铁形成的沉淀色素与前者不同，呈黑色或深蓝色，不溶于水，会逐渐产生沉淀，因此须在临用时配合，有效期仅 24h，或与媒染剂铁明矾分别配制，分开使用。

配制好的苏木精染液可暴露于日光中，使其自然氧化成熟为氧化苏木精，但必须较长，配后时间愈久染色能力愈强是其优点。若急用，可加入氧化汞、高锰酸钾、过氧化氢等强氧化剂加速氧化，可随配随用，不必多配，因为配久效果反而减弱。

常用的几种苏木精配方如下。

（1）Harris 苏木精

甲液：苏木精	1g	100％酒精	10mL
乙液：硫酸铝铵（或硫酸铝钾）	20g	蒸馏水	200mL
后加入：氧化汞（HgO）	0.5g		

配制时先将苏木精溶于无水乙醇中得到甲液，将硫酸铵或硫酸铝钾加热溶解于蒸馏水得到乙液，将甲液和乙液混合，加热煮沸离开火焰缓慢加入氧化汞，用玻璃棒搅拌至看不见氧化汞的黄颜色为止，溶液变为深紫色，将烧杯于冷水速冷（防止溶液过度氧化），第二天过滤，另加 0.8g 柠檬酸或 8mL 冰醋酸对核着色更好。

这种苏木精现配现用，不需要较长的成熟期，配制后可保存 1～2 个月，放置一段时间后液面上会出现一层金黄色的膜，染色时会出现染色剂的沉淀物，故每次使用前均需过滤。该染液对动植物组织均可使用，特别适用于小型材料的整体染色。染出的色彩良好，细胞核与细胞浆分化比较清晰。用 Zenker 氏固定的组织染色效果最为理想。

（2）Ehrlich 氏酸性苏木精

苏木精	2g	纯酒精或 95％酒精	100mL
硫酸铝钾	3g	蒸馏水	100mL

分别溶解后混合，再加入：

纯甘油 100mL

冰醋酸 10mL

将苏木精溶解于纯酒精（37℃），硫酸铝钾溶于蒸馏水中，后将所有试剂混合，此时颜色呈淡红色，瓶口用纱布包好，时时摇动，两周即成熟，应为深红紫色。此液中的冰醋酸有防止组织过染的作用，同时使溶液易于保存。这种自然氧化成熟的苏木精，可长期使用，不会变质。该液是优良的细胞核染色液，染后细胞核清晰且不易过染，染色时间较长，需要 20min 以上。此外，该液对脊椎动物胚胎及无脊椎动物的幼虫作整体染色效果颇佳。

如急需用而苏木精未成熟时，该液可加入 40～60mg 碘酸钠，以促使其迅速氧化成熟，但这种促熟的苏木精只能使用半年左右，不能长期使用。

（3）Hansen 氏钾矾苏木精

甲液：苏木精	1g	无水酒精	10mL
乙液：硫酸铝钾	20g	蒸馏水	200mL
丙液：高锰酸钾	1g	蒸馏水	16mL

三液分别溶解，然后将甲液注入乙液，再加丙液 3mL 并搅拌，加温至煮沸 0.5～1min，使速冷却，过滤后即可使用。苏木精遇高锰酸钾，则氧化成氧化苏木精。

此液配后即可使用并可长期保存。切片染色 0.5～5min，染后无需碱化，细胞核即成蓝色，效果颇佳。

（4）Heidemhain 氏铁苏木精

甲液：硫酸铁铵	5g	蒸馏水	100mL
乙液：苏木精	0.5g	无水酒精 10mL	蒸馏水 90mL

甲液和乙液配后分别瓶装，不可混合。甲液应放于暗处，数日后易生成黄棕色薄膜，过

滤后可用，但放置过久染色能力减退，宜现配现用。乙液为将苏木精溶于无水酒精中，然后再加入蒸馏水，用纱布罩住瓶口，置于阳光下并保持空气流通，每日搅拌数次，使其氧化至深红色，一周后即可过滤使用。该染色液是研究细胞学、胚胎学等方面所普遍采用的染料，尤其对染色体、蛋白质核（淀粉核）、线粒体等染色效果好，染色质、核仁、线粒体呈深蓝色乃至黑色。该液可与番红或曙红作二重染色，不但染色好，而且颜色可保存长久。

（5）Mallory 氏磷钼酸苏木精（PTAH）

蒸馏水	100mL	苏木精	1g
磷钼酸	1g	三氯乙醛	7.5g

先将磷钼酸溶于 10mL 蒸馏水中，再将苏木精溶于 10%磷钼酸水溶液内，充分搅和至苏木精完全溶解，然后慢慢加入蒸馏水内搅匀后加入三氯乙醛成为混合液，放在阳光处氧化1～2 周，过滤后使用，若于染液内加入少许 1%高锰酸钾，可加速苏木精的氧化成熟。

此种苏木精液适宜染中央神经组织切片，染色 10～30min，再加入 30%～50%酒精洗涤，然后分色。此液最适宜于 Muller 及 Zenker 氏液固定的神经组织。

（6）Mallory 氏磷钨酸苏木精（PTAH）

苏木精	0.1g	蒸馏水	80mL	10%磷钨酸水溶液	20mL

先将苏木精溶于蒸馏水，充分搅和后，加入 10%磷钨酸水溶液，最后加入过氧化氢，过滤后立即可以使用。

此染液特别适用于细胞有丝分裂的染色，并能区分正常组织以及肿瘤中的纤维胶质、肌胶质及神经胶质的原纤维，以及弹性硬蛋白的原纤维，并能使骨肌和心肌的纹理特别清楚。一般切片染 4～12h，染色体及中心体的染色不可少于 6h。

（7）Delafield 氏苏木精

苏木精	4g	无水酒精	25mL
硫酸铝铵	40g	蒸馏水	400mL
甘油	100mL	甲醇（或 95%酒精）	100mL

将苏木精溶解于无水酒精中（37℃），用蒸馏水加温溶解硫酸铝铵成 10%硫酸铝铵水溶液，两液混合后，用纱布封闭瓶口，置于阳光充足处 3～4d，过滤后加甘油及甲醇各100mL，再于光线充足处经 30～60d 即可成熟，可长久保存。一般用蒸馏水稀释 50～100 倍后使用，原液染色时间数分钟，而稀释染液染色需 4～24h 后流水冲洗。此染液染细胞核及嗜碱颗粒效果良好。

2. 洋红（卡红 Carmine）

洋红是由一种热带昆虫雌虫体中提取出的染料。将虫体干燥、磨碎提取得粗制品虫红（胭脂红 Cochineal）（$C_{22}H_{22}O_{13}$），再与明矾一起煮沸后除去其中的杂质成为洋红。洋红是一种天然染料，目前已能人工合成。因为单纯洋红对组织无直接的亲和力，故不能染色。洋红等电点为 pH 4.07～4.5，此时很难溶解，故需用高或低于它的等电点的溶液溶解，酸性溶液常用冰醋酸或苦味酸，碱性溶液如氨、镁、锂、硼砂等。用洋红配成的溶液，其染色力持久，为核的优良染料，且染色的标本不易褪色，用作切片或组织块均合适，特别适合小形材料的整体染色，如出现浑浊现象，可过滤后再用。洋红染料的配方很多，常用以下几种。

（1）硼砂洋红（葛氏 Grenacher's 硼砂洋红）

4%硼砂水溶液	100mL
洋红	1g
70%酒精	100mL

将洋红加入硼砂水溶液内，加热煮沸 30min 使洋红充分溶解，冷却过滤，静置 3d，在滤液中加入 70％酒精 100mL，再静置 24h 后过滤即可。

硼砂洋红是一种常用的染色剂，适用于一般动、植物的整体染色，主要为核染色剂，细胞浆亦能着色，但较浅。任何材料均可使用，着色美观。

材料由 50％酒精洗涤即可入本液染色，一般染 4～24h，用盐酸酒精分色，经 70％乙醇脱水、封藏。

（2）明矾洋红（葛氏 Grenacher's 明矾洋红）

洋红	1g
硫酸铝铵	10g
蒸馏水	100mL

先将硫酸铝铵溶于蒸馏水，再将洋红加入，煮沸，用玻棒搅拌至洋红溶解，冷却过滤后，加入少许防腐剂（如麝香草粉、水杨酸钠、樟脑粉、石炭酸等）以防生霉。

此为核染色剂，在动物方面应用较广，如原生动物、寄生虫、胚胎学等材料均得良好效果，也可染高等植物的表皮及蕨类的原叶体。

此液染色简易方便，无浓染之弊，但因染色力较低，不适于大块组织。

（3）醋酸洋红（施氏 Schneider's 醋酸洋红）

洋红	4～5g
冰醋酸	45mL
蒸馏水	55mL

将洋红粉加入水及冰醋酸中在小火焰上加温煮沸，用玻棒搅和使其溶解，冷却后该液呈暗红色，过滤，为饱和溶液，密封保存。用时以 99 份蒸馏水稀释。

此染液渗透作用极快，着色美观兼有杀死作用，对新鲜组织的核染色较好，最适于动、植物新鲜细胞学材料的急速观察，如无脊椎动物的精巢和卵细胞，以及上皮组织等材料的中心体和染色体，植物的根尖、花药都能显示出来。

经此液染过的材料用水洗涤，洗去冰醋酸即可脱水封藏。

3. 番红 O（safranin O）

番红 O 也称沙黄 O，为组织学上应用最广的一种染料，为碱性染料，能溶于水和酒精，能使细胞核及染色体着色，并能显示维管束植物的木质化、木栓化及角质化组织。该液也是一种植物蛋白质染色剂，还可作蕨类等植物孢子囊的染色。番红 O 的染色适合于 Flemming 氏固定的材料，其他固定剂则稍差。番红 O 常可与固绿、苯胺蓝作二重染色，染色后用苦味酸酒精分化。常用配方如下。

① 番红水溶液：番红 1g、蒸馏水 100mL。

② 番红-酒精溶液：番红 1g、50％酒精 100mL。

③ 苯胺-番红染色液：番红 1g、95％酒精 100mL、蒸馏水 100mL、苯胺 20mL。

此三种溶液配好后摇匀，使用前需过滤。

4. 酸性品（复）红（acid fuchsin）

为红色粉末，是碱性品红的一个磺化衍生物，所以是酸性染料。通常用水或 70％酒精配成 1％的溶液。酸性品红是良好的细胞浆染色剂，应用极广，在动物组织学方面可用作 VanGieson 氏及 Mallory 氏结缔组织的染色剂，也可用它和苦味酸染色鉴别平滑肌和结缔组织。在植物制片技术中多用 70％的酒精溶液，用以染皮层、髓部及纤维质壁，如与甲基绿共同染色可显示线粒体。

酸性品红极易与碱作用，所以过染后易在自来水中脱色；切片先进入酸性水后再染色，可使染色力增强。此染色剂的缺点是色泽不能长期保存。

5. 苯胺蓝（anilin blue W.S）

又称棉蓝，深蓝色粉末，是一类染色剂的混合物，为酸性染料，分为水溶性和醇溶性两种。水溶性苯胺蓝用于动物组织的对比染色，能显示细胞质，对神经细胞及软骨的染色特别好。苯胺蓝和酸性品红、橘黄 G 可用于结缔组织的 Mallory 三色法染色，与苏木精可做成多色性染剂，供组织的常规检查。

在植物学方面，常用醇溶性苯胺蓝溶液，作显示鞭毛及非木质化组织，也是菌藻植物的常用染色剂，染丝状藻效果较好，多与真曙红或麦格打拉红作二重染色，常与番红作高等植物二重染色。

6. 刚果红（Congo red）

属偶胺染料，又称棉红 B，枣红色粉末，是一种酸性染料。因刚果红的钠盐是红色，遇酸变蓝色，能溶于水及酒精，故它既能做指示剂，又能做染料，常配成 $1\%\sim2\%$ 的水溶液，多用于细胞学研究。在组织学研究中则用饱和水溶液，多与苯胺蓝或孔雀石绿做二重染色，因其易为水及酒精洗去，须速脱水。在动物组织学中可作神经轴、弹性纤维、胚胎材料的染色剂。在植物切片上常用以染黏液及锈菌，并可显示细胞质及纤维质。

7. 橘黄 G（orange G）

属偶氮染料类，为酸性染料，能溶于水、乙醇、丁香油，是一种细胞浆染料，常作二重及多重染色用，如用作铁明矾苏木精的对比染色 Mallory 法染结缔组织，与龙胆紫合并用于染胰岛的 α 和 β 细胞。

常用配方如下。

① 水溶液：橘黄 G1g、蒸馏水 100mL。

② 酒精溶液：橘黄 G1g、95% 乙醇 100mL。

③ 丁香油：橘黄 G1g、丁香油 100mL、纯酒精 50mL。

因橘黄 G 在丁香油中溶解较慢，所以按配方③配制时应先将 1g 橘黄 G 放入 100mL 纯酒精中，保持温度 52℃ 左右则渐渐熔化，酒精挥发至 50mL 时加 100mL 丁香油后静置，待其全溶后过滤使用。用时滴数滴于材料上，用后将多余者回收，以便再次使用。多与番红、龙胆紫作三重染色，或与铁矾苏木精并用。

橘黄 G 无过染的缺点，能洗去其他染料，纯酒精饱和溶液或水溶液均能保存。

8. 甲基蓝（methyl blue）

为甲苯烷染料，是强酸染料，能溶于水及酒精，是一种极重要的细胞浆染料，也是很好的对比染色剂，与伊红合用能染神经细胞，在动植物制片技术方面应用很广，也是病理学及细菌学不可缺少的染料，其水溶液又为原生动物的活体染色剂。

常用配方如下。

① 水溶液：甲基蓝 1g、氯化钠 0.6g、蒸馏水 100mL。

② 酒精溶液：甲基蓝 1g、70% 酒精 100mL。

材料经染色后，必须洗涤，在脱水时也容易洗去，此种染料也很容易氧化，染色后不能长久保存。

9. 伊红（曙红 eosin）

为染细胞浆、肌纤维、嗜酸性颗粒等常用的染料，是一种钠或溴盐的酸性染料，常与苏木精合染，对比染色简称 HE 染色。伊红的种类很多，名称也不统一，一般多用伊红 Y。

伊红 Y（eosin aqueous；yellowich 或 tetrabromofluorescein sodium）是四溴荧光素 $C_{20}H_5O_6Br_4Na_2$，分子量 691.906。其中常含一溴及二溴衍生物，溴会影响其色调，含溴愈多，颜色愈红。市售品即为这类化合物的混合物，易溶于水（15℃时达到 44%），较不溶于酒精（2%无水酒精），不溶于二甲苯，为红中带蓝的小结晶或棕色粉末。浓水溶液为暗紫色，稀溶液为红黄色至红色，有黄绿色荧光反应。浓酒精溶液为红黄色，稀液为红色。伊红 Y 是一种很好的细胞浆染料，组织病理学上常与苏木精进行对比染色，应用极广。如遇染色困难，可在 100mL 伊红溶液内加 1~2 滴冰醋酸。因此种伊红易溶于水，故习惯称其为"水溶性伊红"（伊红 W，W＝water soluble）。实际上，除乙基伊红不溶于水外，其他种类均溶于水及酒精，只是溶解量不同而已。通常用于碱性染料染色之后，为 0.1%伊红水溶液，因溶液稀、酸性小，可不影响先染的碱性染料。

10. 三硝基苯酚（苦味酸，picric acid）

三硝基苯酚是硝酸作用于苯酚而制成的，为黄色结晶体，干燥放置能引起爆炸，因此常配成水溶液或酒精溶液保存，是一种细胞质的黄色染色剂，常与酸性品红、结晶紫作对比染色。

除此以外，酸性染料还有地衣红、醇溶性苯胺蓝、甲基蓝、偶氮胭脂红 B、藻红 B、茜素红等。

（六）染色方法分类

1. 根据染色材料的完整性分

（1）整体染色法

材料经固定冲洗后，不切成薄片，直接投入染液染色，一般用于微小生物体的染色，常用的染料有番红、苏木精等。

（2）切片染色法

材料经固定、冲洗、脱水、透明、浸蜡、包埋、切片后，将脱蜡后的切片放入染色液中逐步染色的方法。

2. 根据染色所用的染料种类分

（1）单一染色法

选用一种染料进行染色的方法，如用苏木精染色。

（2）双重染色法

用两种染料进行染色的方法，如在植物组织学中番红-固绿对分生组织的染色，组织学和病理学常规制片中常用的苏木精-伊红的染色。

（3）多重染色法

用两种以上染料染色的方法，如 Mallory 氏三色染色法、番红-固绿-橘黄 G 染色体法等。

3. 根据染色的目的分

（1）普通染色法

用于普通制片的染色方法，应用最广泛的是苏木精和伊红染色（又称 HE 染色）。

（2）特殊染色法

特殊染色法是为了显示特定的组织结构或其他特殊成分而进行的染色，是常规染色的必要补充，在病理诊断中起到辅助作用。如：神经组织用常规 HE 染色则对细微结构不易显示，对神经纤维、髓鞘无法区别，而 Roger 氏神经原纤维法染色后神经纤维呈黑色，背景灰紫色。组织化学是在形态学基础上研究细胞或组织中化学组成、定位、定量及代谢状态，通常所用的染色方法也归为特殊染色。特殊染色方法按照所染目的物进行分类，有结缔组织、肌肉组织、神经组织、脂类、糖类、色素、病理内源性沉着物、病原微生物、单种细胞、各种酶类等。对于特殊染色的命名无统一规定，多数按发明者姓名命名（如 van Geison 染色等），有的按所用染色剂命名，如甲基绿-派若宁染色、苏丹Ⅲ染色等。

（七）染色的一般方法

由于所用染色剂基本都是水溶液，故染色之前需先用二甲苯除去切片内部的石蜡，然后经过各级酒精，浓度由高到低，下降至水（称为下行复水）。染色之后再经各级酒精脱水（称为上行脱水）上升到二甲苯，最后封藏。常用几种染色方法步骤如下。

1. 苏木精-伊红（HE）染色

苏木精-伊红染色法是生物制片技术中最常用的方法，该法染色广泛，可染任何固定液固定的材料，且不易褪色，便于长期保存。染色成败的关键在于分化，如果分化不当，该脱色的部分未脱色，或分化不足，染色浓淡不均，复染时便不能得到对比鲜美的色彩。染色步骤如下。

操作步骤：

1）切片脱蜡。取已干燥的切片放入纯二甲苯中脱蜡 15～30min（期间换液一次）。脱蜡时间与切片厚度和室温有关。

2）切片复水。依次移入纯酒精＋二甲苯（1：1）、纯酒精Ⅰ、纯酒精Ⅱ、95％酒精、85％酒精、70％酒精、50％酒精中 2～5min。

3）移入苏木精染液中 15～25min。

4）入自来水（流水）中直到颜色变蓝（或入碱水中亦可），镜检至蓝色适度为止。

5）入酸酒精中分色几秒至几十秒。该步为染色成败的关键，时刻注意镜检至颜色适度。

6）入流动的自来水（或碱酒精）中蓝化，镜检核变蓝为止。

7）入蒸馏水过洗一次。

8）切片入 50％、70％、85％酒精各 2～5min。

9）入 95％的伊红酒精溶液染 1～3min。伊红主要染细胞浆，着色浓淡应与苏木精染细胞核的浓淡相配，如细胞核染得浓，细胞浆也应浓染，以求对比鲜明；反之，亦然。如遇到伊红不易着色，可滴加冰醋酸数滴以助染。

10）入纯酒精（Ⅰ）、纯酒精（Ⅱ）脱水各 2～5min。

11）入二甲苯＋纯酒精（1：1）、二甲苯（Ⅰ）、二甲苯（Ⅱ）各 5～10min。

12）滴加中性树胶于标本上封固。

染色结果：细胞核呈蓝色，核仁呈深蓝色；细胞质、纤维呈深浅不同的红色。

2. 番红-固绿对染法

该染色法适用于一般植物组织，特别是分生组织，材料用含有铬酸的任何固定液固定均可，能将染色质、细胞质、纤维素细胞壁与木质化细胞壁区别开。染色步骤如下。

1）切片脱蜡，同 HE 染色。

2）切片复水，将切片依次移入纯酒精＋二甲苯（1：1）、纯酒精Ⅰ、纯酒精Ⅱ、95％酒精、85％酒精、70％酒精、50％酒精、30％酒精、水中 1～5min。

3）入 1％番红水溶液染色 1～12h。

4）水洗，去除多余染料。

5）切片入 30％、50％、70％、85％、95％的酒精各 1～5min。

6）切片入 1％固绿（溶于 95％酒精）10～40s。

7）入纯酒精（Ⅰ）、纯酒精（Ⅱ）脱水各 1～5min。

8）入二甲苯＋纯酒精（1：1）、二甲苯（Ⅰ）、二甲苯（Ⅱ）各 3min。

9）滴加中性树胶于标本上封固。

染色结果：染色体或细胞核、核仁、木质化细胞壁为鲜红色，纺锤体、纤维素细胞壁、细胞质为绿色。

3. 马格赖氏（Mallory's）三色法

该染色法适用于动物组织，材料用津克尔氏液或其他含升汞的固定液固定。主要对胶原纤维、网状纤维、软骨、骨、拟淀粉蛋白、细胞核和细胞质等染色。染色步骤如下。

1）切片脱蜡复水同 HE 染色。

2）染色液 A（0.1％酸性品红）中染色 1～5min。

3）不洗或快洗于蒸馏水。

4）1％磷钨酸或磷钼酸 2min，分化和媒染作用。

5）染色液 B（水溶性苯胺蓝 0.5g、橘黄 G2.0g、草酸 2.0g）染色 10～20min 或更长。

6）在蒸馏水中快洗以除去多余染料。

7）95％酒精中分化 1～2min，蓝色在此溶液中很易褪色，要注意分化时间。

8）入纯酒精（Ⅰ）、纯酒精（Ⅱ）脱水各 3min。

9）入二甲苯＋纯酒精（1：1）、二甲苯（Ⅰ）、二甲苯（Ⅱ）各 3min。

10）封藏，此染色法中颜色遇碱性物质易褪色，故应封藏在酸性封藏剂中。方法为：先将盖玻片在二甲苯的饱和水杨酸液中浸一下，再进行封藏。

结果：胶原纤维、网状纤维、拟淀粉蛋白、软骨和骨的基质染成各种不同深度的蓝色；细胞核、核仁、细胞质、轴突和神经胶质染成红色；血红细胞、髓鞘与弹性纤维染成黄色。

（八）染色注意事项

1）染色之前切片脱蜡必须彻底，否则不易着色。检查是否脱蜡彻底，简单的方法是将切片放入酒精和二甲苯混合液中，如果材料上起白雾，说明石蜡未脱干净，应放入二甲苯中继续脱蜡。

2）切片复水时，应按照酒精浓度由高到低的顺序逐级进行，避免材料过度收缩或扩散。

3）染色时间因根据染料的性质、切片的厚度、材料的性质等灵活掌握，宁可深染，不可浅染，因为分化后会褪掉部分颜色。分化后注意在显微镜下观察，如果颜色太浅，可退回重染。

4）染色之后，要用与染色剂同样的溶剂洗去多余染料。

5）有两种染色剂时，应按照它们的顺序依次进行染色。

6）切片染色后脱水也应按酒精浓度由低到高逐级进行，脱水太快，不但会损坏组织，且不能将水很好地脱干净。

十、封藏

（一）封藏的目的

1）使切片可以长期保存。

2）合适的封藏剂可使材料在显微镜下更易观察。

封藏剂必须是能与透明剂相混合、对染色无影响且具有黏性的物质，封藏剂的折射率应与材料相近似，因折射率与透明度成正比，与未染色部位材料的识别力成反比。如果封藏剂的折射率高于材料，虽透明程度较好，但识别能力较差；如果折射率低于组织，则透明程度不佳，未染色部位的识别却较为清楚。

（二）封藏剂

封藏剂可分为两类：湿性封藏剂和干性封藏剂。湿性封藏剂如甘油、甘油明胶等，常用于切片不经脱水和透明步骤就加上盖玻片，用漆或石蜡封于盖玻片的周围，使组织保存于液体的封藏剂内的情况下，此法适用较少。干性封藏剂如中性树胶、达马树胶及人工树脂等，染色材料必须经酒精脱水、二甲苯透明后才能用它封片，可使标本长期保存，常用于石蜡、冰冻和火棉胶切片。常用的封藏剂有以下几种：

1. 加拿大树胶（Canada balsam）

加拿大树胶是最常用的封藏剂，是产自加拿大的一种冷杉经提炼而成的固体脂，以二甲苯或苯为溶剂，其浓度以玻璃棒一端形成小滴滴下而不生成丝状物为佳。封藏时，由于苯挥发快，树胶干固较快，且稀释树胶封固切片也不褪色。其折射率（1.52）接近玻璃的折射率（1.51），透明度很好，用以封片，几乎无色。用于滑动切片时，需要稍浓一些，用于石蜡切片则需要稀些，不需加热，绝对不能混入水及酒精。

不用时应放于暗处，避免阳光直射。如长期存放，可能逐渐变酸，使切片褪色，为预防变酸，可在其中加一小块大理石（或无水碳酸钠）以中和酸性。

2. 达马树胶（dammar balsam）

达马树胶为松柏科植物柳桉所分泌的一种白色微带淡黄的半透明树脂，能溶于二甲苯、苯、松节油、氯仿和醇。溶解为封藏剂后能长久保持中性，且易干，折射率也为1.52。

3. 乳酸-石炭酸（lactophenol）

适用于整体封藏，特别适合藻类、菌类、原叶体以及其他较小材料的封藏。其配方如下：

石炭酸（结晶）	1份
乳酸	1份
甘油	1份或2份
蒸馏水	1份

如需使上述封藏剂着色，可加入1%苯胺蓝或酸性品红的水溶液，其配方如下：

乳酸-石炭酸	100mL
冰醋酸	0～20mL
染色剂（1%苯胺蓝或酸性品红）	1～5mL

4. 甘油胶（glycerine jelly）

甘油胶是适用于半永久性片子的含水封藏剂。配方如下：

明胶（gelatin）	1份（5g）
蒸馏水	6份（30mL）
甘油	7份（35mL）

每100mL混合液中加石炭酸（苯酚）1g

配制：取明胶于水中（可放在40～50℃温箱中）待胶全部溶解后，加入纯甘油，最后加入石炭酸，不断搅拌至完全均匀为止，经过滤盛于瓶内而冷却后为凝固冻状，可划成小块贮藏。用时再经水浴微热便可融化使用。最好随用随取，不要将大量甘油胶时常加热，以免变坏。

甘油胶封固后，在盖玻片四周可用瓷漆封边。

（三）封藏方法

封藏是石蜡切片的最后一步，具体操作步骤如下。

1）准备好盖玻片、载玻片、镊子、树胶（或其他封藏剂）、酒精灯。

2）将有标本的载玻片自二甲苯中取出。

3）用白布或滤纸擦去标本周围的二甲苯。

4）在标本上加一滴树胶或其他封藏剂，封藏剂的量不宜过多或过少，以刚浸满盖玻片为宜。

5）如果封固剂带有气泡可将载玻片置酒精灯火焰上来回摆动2～3次，以除去气泡。

6）将盖玻片一端先于树胶接触，然后慢慢抽去镊子，让盖玻片缓缓下降。

用甘油、甘油胶、糖浆等封藏的标本，因易受霉菌侵染，同时上述之封固剂易受热熔化，使盖玻片脱落，因此，必须经过密封处理，具体方法及注意事项如下：

① 盖玻片和载玻片必须绝对干净，如有油渍可用白布蘸70％或95％酒精轻轻擦拭；

② 盖玻片的周围必须干净，如有水汽或封固剂透出，应除掉；

③ 盖玻片内不能有气泡存在；

④ 用毛笔蘸取浓度适宜的瓷漆少许，在盖玻片的周围封成一薄层。

7）将玻片贴上标签后移入32℃左右的温箱内烘干，或置于室内让其自干后即为成品。

整体封藏或徒手切片及冰冻切片，封藏时应先滴上树胶，然后将材料放在树胶上，这样才不致在盖玻片放下时将材料挤到边缘去，如先放材料，再滴树胶，就会使材料被挤到边缘，影响制片。

第二节

火棉胶切片

火棉胶（collodion）又称消化纤维，由浓硝酸和浓硫酸作用于脱脂棉而成，其易溶于乙醚和酒精混合液，易燃烧。火棉胶有条状、片状等干燥且透明的制品，也有溶于等量的乙醚-纯酒精中得到的液体制品，其浓度为2％、4％、6％、8％及10％数种。火棉胶也可自备，即是将照相底片（硝化纤维素）上的药膜除尽，切成小片后用配成不同浓度的火棉胶液，适用于一些质地坚硬、脆而易折或过软的材料，常用于眼球、内耳、肌腱、软骨、成骨、神经组织等。火棉胶制片过程中不经过加温包埋，减少了组织收缩和过度硬化，在制片技术上具有一定的应用价值。但该制片技术具有时间长、切片厚、不能连续切片的缺点。

1. 选材

固定及冲洗均同石蜡切片法，不宜用含有苦味酸的固定液。

2. 脱水

脱水时间较石蜡切片长，逐级从低浓度至高浓度的酒精，50％酒精24～36h，70％酒精24～36h，80％酒精12～24h，95％酒精（两次），各级12～16h，纯酒精（两次），每次8～12h。接着过渡到1/2纯酒精＋1/2乙醚中（12～24h）。具体时间应根据材料大小和性质而定。

3. 浸胶

浸火棉胶的方法有以下几种。

1）将材料浸入2％的火棉胶液中，置于45～50℃温箱中，每隔48h加一次火棉胶块，直到火棉胶液刚可流动时为止。

2）将材料放入2％的火棉胶液中，置于45～50℃温箱中，密封瓶塞，经24～48h（视材料大小而定），冷却后换入4％火棉胶液内，如上法逐级换至10％火棉胶液，然后每天可加入少许火棉胶块，直到刚可流动为止。

3）材料放入2％的火棉胶液内，置于37℃温箱中让其慢慢蒸发至一半（4％）后，再加入4％火棉胶液到原来的容量，按此法蒸发直到刚可流动为止。

4）材料依次放入5％火棉胶4～6d，10％火棉胶6～8d，15％火棉胶8～16d，20％火棉胶10～15d。

注：①换出之火棉胶液，可回收以便重新利用。

②如何判断火棉胶的浓度已适于包埋，可用一小木棒挑取少许火棉胶浸入氯仿中，约经30min后，如果火棉胶已凝结成透明块状并易切成薄片即可。

4. 火棉胶包埋

1）先准备好小纸匣，里面涂上一薄层凡士林，以便将来易于除去纸盒，此时可将解剖针或镊子先浸入乙醚一下，再将材料按所需切面排列整齐，并赶出气泡。

2）当纸盒中的火棉胶凝固呈白色时，即将纸盒浸入氯仿中，并加盖以防止氯仿蒸发。经12～24h后，火棉胶即凝固成透明硬块，完全凝固后取出放入等量的95％酒精及甘油中，材料可在此液中长期保存，而且时间越长越好，否则时间过短，切片时易卷曲且组织也易脆裂。

5. 制作火棉胶块

将木块浸入乙醚中15min，同时将已包埋好的材料分割成小块，接着将木块的一端以及火棉胶的一端浸于4％～8％的火棉胶液内，取出后将两者粘贴在一起，立即投入氯仿中使其变硬，约经1h后取出修正，即可进行切片。

6. 切片

置滑动切片机上进行，切取时用毛笔蘸取95％酒精润湿材料和刀口，切得的切片放入

95％酒精中。

7.染色

染色时如果需要将火棉胶除去，可经纯酒精移入 1/2 纯酒精＋1/2 乙醚中溶去，然后顺序退下，按所需染色剂进行染色。若无需除去火棉胶时，可直接将带有火棉胶的切片进行染色。

8.脱水

已溶去火棉胶的切片，可自低浓度酒精逐步过渡到纯酒精中。无需溶去火棉胶的切片，在到达纯酒精时，由于纯酒精能溶去火棉胶，可在纯酒精中滴入数滴氯仿以保存火棉胶。如果在染色时火棉胶也着上色，而影响到观察效果时，则应将火棉胶除去，在脱水至纯酒精后，转至 1/2 纯酒精＋1/2 乙醚中即除去。

9.透明、封固

同石蜡切片法。

第三节

冰冻切片

冰冻切片技术（cryostat sectioning）是将已固定或新鲜的组织块不经脱水而先进行冰冻，然后在冰冻切片机上进行切片的一种方法，常用于临床上病理组织快速检测与细胞化学制片。这种切片法无需脱水、透明或浸蜡步骤，不受有机溶剂和加温等影响，具有时间快且能很好地保留脂肪、酶和抗原的优点。此法的缺点是冰冻融化后易引起组织分散而失去相互间联系，切片较厚，不能作连续切片，容易破碎。

一、冰冻切片机

冰冻切片机的种类很多，如滑行切片机和旋转切片机，装上冰冻附着器后，都可做冰冻切片机用。根据冷冻源的不同，冰冻切片可分为二氧化碳法、氯乙烷法和半导体制冷法。目前最为常用的是低温恒冷箱冰冻切片法。以莱卡公司 Leica CM1950 冰冻切片机（图 1-6、图 1-7）为例，该切片机带有全封闭的切片机和独立的样品制冷系统、控制面板，并具有 UVC 消毒系统，有的还可选配集成切片废屑抽吸系统和用于电动切片的马达。切片机置于低温密闭冷冻箱内，冷冻箱内还包括快速冷冻架（一般为圆形），用于放置样本托，快速冷冻样品。Leica CM1950 有 2～3 个控制面板。控制面板 1 上显示和调节机箱内温度、刀头温度、除霜时间、消毒时间。控制面板 2 是电动粗进、切片和修块厚度调节和显示。控制面板 3 是电动切片（选配）。

二、冰冻切片的制片方法

1.固定

在冰冻切片机上进行切片的组织块，一般经过不同处理：

1）解剖之后立即取出新鲜的组织块，不加任何处理；

2）固定的组织块，经水洗后再进行冰冻切片，常用的固定液为福尔马林，也可用布安

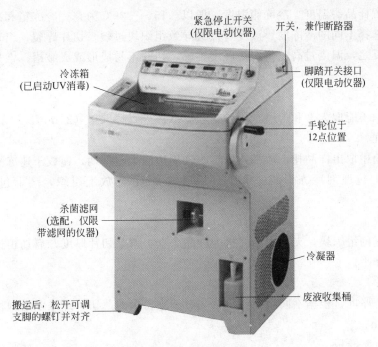

紧急停止开关
(仅限电动仪器)

开关，兼作断路器

冷冻箱
(已启动UV消毒)

脚踏开关接口
(仅限电动仪器)

手轮位于
12点位置

杀菌滤网
(选配，仅限
带滤网的仪器)

冷凝器

搬运后，松开可调
支脚的螺钉并对齐

废液收集桶

图 1-6 冰冻切片机外观

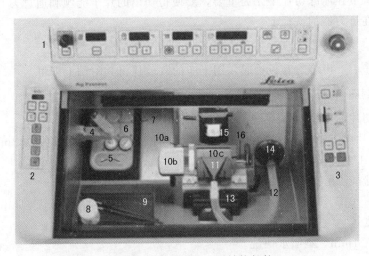

图 1-7 冰冻切片机主要结构部件

1—控制面板 1；2—控制面板 2；3—控制面板 3；4—导热块；5—Peltier；

6—速冻架；7—速冻架定位器；8—吸热加热块（选配）；9—支架（选配）；

10a—带刀片退出装置的 CE 刀架；10b—CE 刀架上的指托；10c—CE 刀架上的护刀器；

11—抽吸软管的吸嘴；12—切片废屑抽吸软管；13—刷子架（选配）；

14—抽吸软管接头；15—样品头（定向）；16—废屑盘

氏液及津克尔氏液固定，但必须经过水洗或去汞后才能切片；

3）如果是容易破碎的组织块，在固定水洗后须再经明胶包埋之后才能切片。

2. 切片（以 Leica CM1950 为例）

（1）开机和温度设定

利用主机右侧的开关开启电源，用箱体温度设置按钮将切片机温度设置到切片所需温度，同样设置样品头温度。冷冻箱温度一般以−15～−20℃为宜。冷冻箱和冷冻头温度应视不同的组织选择不同的冷冻度。温度过低会导致组织块过硬，切片碎裂，出现梯田状薄厚不均或空洞；反之，温度过高，组织块硬度不够，切片不易成形或成皱褶。常见材料的冷冻温度参见表1-7。

（2）取材

新鲜组织不能取太大和太厚，用纱布和滤纸擦干直接取材（24mm×24mm×2mm）。

（3）包埋

从冷冻箱中取出样品托，放平摆好组织，周边滴上包埋剂，速放于速冻架上冰冻。小块组织可先滴上包埋剂冷冻形成一个小台后（约30s）再放上组织，滴上包埋剂放速冻架冷冻。

（4）修块

将冷冻好的组织块，夹紧于切片机的样品头上，调整切片厚度，启动粗进退键，转动手轮，将组织修平。

（5）切片

调好预切厚度，根据不同组织而定，一般细胞密集的薄切，纤维多细胞稀的可厚切，一般在5～10μm。

（6）调节防卷板

防卷板的调节在冰冻切片中尤为重要，要使得切出的片子能顺利通过刀与防卷板间的通道，平整地躺在持刀器的铁板上。

3. 贴片

当切好片子后，可将防卷板抬起，用干净的载玻片将其附贴上即可。

4. 染色和封藏

常用冰冻切片苏木精-伊红染色，染色步骤如下：

1）冰冻切片用10%甲醛固定1～5min，流水冲洗2min，蒸馏水浸洗3min。

2）苏木精1～2min，自来水快洗。

3）0.5%盐酸乙醇分色1～2s，蒸馏水快洗。

4）0.25%～0.5%氨水蓝化，几秒钟或至组织变蓝，自来水洗0.5～1min，光镜下检查细胞核分色程度。

5）1%伊红1min，蒸馏水快洗。

6）80%、90%、95%乙醇速洗，每级数秒到十几秒，光镜下检测细胞核与细胞质颜色对比。

7）100%乙醇2次，每次1～2min。

8）二甲苯2次，每次1～2min。

9）中性树胶封固。

表1-7 常见组织标本的冷冻时间和冷冻温度

组织标本	冷冻温度/℃	冷冻时间/min
乳腺、子宫、卵巢	−20～−25	2～3
胃肠	−18～−20	2
肝、肾、脾	−15	1.5～2.0

组织标本	冷冻温度/℃	冷冻时间/min
脑组织、淋巴结	$-10\sim-15$	2
带脂肪组织	-25	$3.0\sim3.5$
细胞致密且较硬的组织	$-16\sim-20$	$1\sim2$
细胞疏松且较软的组织	$-20\sim-22$	$2\sim3$
脂肪组织	$-22\sim-24$	$5\sim10$

三、冰冻切片常出现的问题及解决办法

1) 切片过程中，如组织块温度低，组织片容易卷曲和碎裂，可将冰冻组织连同支撑器取出，在室温停留片刻后再切片，或用口哈气，或用大拇指按压组织块，以软化组织，再行切片。如温度太高，组织片易褶皱，可将速冻台置于组织面上几秒钟以快速降温。

2) 由于脂肪不会结冰，因此脂肪组织的切片相对较困难，在做脂肪组织的切片时，需将温度降低，使其变硬，如果是脂肪组织与非脂肪组织的混合组织，温度可降至-25℃，如果是纯脂肪组织，则降至-50℃。

3) 组织内出现过大的冰晶。冷冻时组织块内的水分可形成冰晶，如冰晶过大可挤压组织形成光镜下可见的小腔隙。解决方法之一是在冷冻前将组织逐级浸透于10%、15%和20%的蔗糖溶液中，利用高渗吸收组织中的水分，$1\sim3$d后，待组织块完全下沉时，即可切片。二是新鲜材料取样后迅速放入-196℃液氮或-80℃干冰中，使组织块快速降温，从而减少过大冰晶的形成。

4) 切片上有条纹，如果是垂直于刀片上的细条纹，可能是刀口有缺口，也可能是由于钙化组织、缝线引起，如出现宽条纹或组织缺损，则可能是由于刀片黏附有组织残渣。

5) 波浪线样的褶皱，可能是由于切片机内某个零件松动所致，检查支撑刀片的刀架、冷冻头等有无松动。

6) 切片卷缩，常见原因及解决方法：

① 防卷板位置不正确、较脏或有缺口，解决方法是调整防卷板的位置、清洁防卷板，更换防卷板使切片可以顺畅通过。

② 切片刀温度不够低，调整冷冻室温度，使刀片温度降低。

③ 切片刀钝（或黏附有组织碎屑），解决方法是清洁刀片或更换刀片。

④ 组织硬度不够，降低温度，使组织变硬。

⑤ 用OCT/胶水包埋组织，有利于防止切片卷缩。

7) 切片脱落，常见原因及解决方法：

① 组织内坏死组织多，取材时应避免坏死组织。

② 固定液温度低，解决方法是定期更换固定液，注意盖好固定液瓶盖，防止固定液挥发而使浓度降低。

③ 载玻片不干净、温度低，要保持载玻片干净、置于室温。

④ 切片太厚，解决方法是切片不要太厚（5μm），脂肪组织可稍厚。

第四节

超薄切片与半超薄切片

超薄切片是电子显微镜生物样品制备方法中最常规的制样技术。由于电子显微镜的光源是电子束，其穿透能力弱，故电子显微镜的观察样品厚度必须小于100nm，其切片厚度通常在50~70nm。透射电子显微镜相关的其他制片技术，如放射自显影技术、细胞化学技术、免疫电镜技术等都必须进行超薄切片。

半超薄切片是近年来发展起来的一种可供光学显微镜观察研究用的切片技术。使用的切片机与超薄切片机相同，但切片厚度在0.5~2.0μm，介于石蜡切片和超薄切片之间。半超薄切片由于切片较薄，而且能很好保持组织细胞的结构，减少人为假象，切片比石蜡切片更清晰，可获得高质量的光镜照片。半超薄切片也是电镜超薄切片技术中一种有效的定位方法。电镜是观察组织细胞超微结构的一种手段，超薄切片由于切片太小，电镜视野小，有时难于观察到目标结构，因而在做超薄切片之前可用半超薄切片进行定位，克服超薄切片盲目性和视野局限性的缺点。

一、常规超薄和半超薄切片制片技术

超薄和半超薄切片的全部技术与石蜡切片相似，包括：取材、固定、清洗、脱水、浸透、包埋、切片及染色等，但所用试剂和切片方法不同，制片过程中各种条件要求更为严格和精确。具体过程如下。

（一）取材和固定

1. 固定液的选用

目前常用的固定方法是戊二醛-锇酸双重固定法。

戊二醛对组织的渗透力强，能和蛋白质分子的氨基和肽键很快交联而起到稳定蛋白质的作用，对于锇酸不能固定的糖原和某些蛋白结构（如微管）能起到很好的保存作用，其对核蛋白的固定效果比锇酸好，不易使酶失活，可用于细胞化学的研究，但对脂类的固定效果差，也不能使细胞产生足够的反差。锇酸不但对蛋白质有很好的固定效果，而且对一些脂类有很好的固定效果，锇酸还可避免细胞收缩、膨胀、变脆、变硬等。由于锇酸是重金属，用锇酸固定可以增加电子反差，利于观察，但锇酸渗透慢，对核酸和糖原保存效果差，同时锇酸是酶的钝化剂，不能用于细胞化学研究。故一般采用戊二醛-锇酸双重固定，即先用戊二醛前固定，样品经彻底冲洗后，再用锇酸固定，这种固定方法使细胞的细微结构能得到很好的保存。

2. 固定液的配制方法

0.2mol/L磷酸缓冲液配制方法：

甲液（0.2mol/L磷酸氢二钠溶液）：$Na_2HPO_4 \cdot 2H_2O$ 35.61g，加蒸馏水溶解至1000mL。

乙液（0.2mol/L磷酸二氢钠溶液）：$NaH_2PO_4 \cdot 2H_2O$ 31.21g，加蒸馏水溶解至1000mL。

根据要求，按不同配比，可得不同 pH 的磷酸缓冲液（见表1-8）。

表 1-8　不同 pH 的磷酸缓冲液配比

pH	7.0	7.2	7.4	7.6
甲液/mL	30.5	36.0	40.5	43.6
乙液/mL	19.5	14.0	9.5	6.5

磷酸缓冲液 pH 值以 7.0～7.4 为佳。

2.5％戊二醛（$C_5H_8O_2$）固定液：

25％戊二醛	10mL
0.2mol/L 磷酸缓冲液	50mL
加双蒸水	40mL

2％锇酸贮存液配制：

取 0.5g 锇酸安瓿瓶，先用肥皂水清洗，泡酸 48h，用自来水冲洗 24h，双蒸水漂洗 30min。干后用砂轮或玻璃刀划 1～2 道痕，置于棕色磨口瓶，加双蒸水 25mL，用力摇动使安瓿瓶破碎。静置 48h 待锇酸溶解备用，使用时加入 0.2mol/L 磷酸缓冲液 25mL 稀释即可。4℃避光保存（用黑纸袋或黑色塑料袋包裹），至少要 24h 熟化后才能使用。

1％锇酸使用液：

取 2％锇酸贮存液 10mL，加 0.2mol/L 磷酸缓冲液 10mL 混合。

注意：锇酸为剧毒药品，且具有很强的挥发性，配制药品的一切操作应在通风橱中进行，避免与皮肤接触或吸入蒸气。在任何污染和光照条件下，都可能还原成水和二氧化碳失去固定能力，故不宜长期保存，最好使用前配制。当呈棕色和黑色时，药品失效。

3. 取材

取大小适中的玻璃器皿，其内放好冰块，在冰上放好载玻片或蜡板，在板上滴预冷的 2.5％戊二醛备用（低温戊二醛使得微管消失，故观察微管结构勿低温固定）。将动物处死后，要快速取出组织，以免细胞内部细微结构发生改变。组织在离开活体之后尽快（1min 之内）放入预冷的戊二醛固定液中保存。另外取材过程还应注意以下几点：取样部位要准确，同时注意材料的的方向性，不要损伤和挤压组织；样品块要小，大小在 0.5～1mm³，如材料太大内部固定易不充分。

（1）一般动物组织的取材

① 将动物麻醉或急性处死，解剖取出所需器官；

② 用剪刀剪取一小块组织，先用预冷的磷酸盐缓冲液冲洗血污，然后放在清洁的蜡板上，滴几滴戊二醛固定液；

③ 用刀片将组织切成截面为 1mm×1mm 的长条，再将长条切成 1mm³ 左右的小块；

④ 用牙签将样品放入盛有冷的戊二醛固定液的小瓶中固定，固定液的用量约为样品的 40 倍，固定时间 2～4h，特殊情况可在戊二醛中维持 1～2 周。如果对超微结构（尤其是膜系统）有较高的观察要求，样品在戊二醛中保存时间不宜过长，最好不超过 1 周。

（2）血液取材

取材后将其放入离心管，2000～4000r/min 离心 10～15min，待样品在底部结成块状后，倒掉上清液，加固定液稍加固定，然后用刮匙取出并割成小块固定。

（3）贴壁培养细胞的取材

① 在培养瓶中加入适量的戊二醛固定，在冰浴条件下固定 3～5min；

② 用细胞刮轻轻刮下贴壁细胞，将含有细胞的液体转移到离心管中低速（1000r/min）离心分离 10～15min，使细胞聚集成团；

③ 弃去上清液，加入新的戊二醛固定液离心，视细胞大小选择合适的离心速度分离 10～15min，使细胞聚集成更结实的团块，置 4℃保存；

④ 漂洗和再固定。

（二）漂洗

电镜一般采用戊二醛-锇酸双重固定，戊二醛固定为前固定，前固定之后再用锇酸后固定。由于戊二醛为还原剂，锇酸为氧化剂，故在两次固定之间必须进行漂洗，否则易使锇酸固定失败。漂洗方法如下：

将材料从戊二醛固定液中取出，用 0.1mol/L 磷酸缓冲液（pH＝7.3）洗涤 3～4 次，每次 15～20min，可不断摇动容器，使缓冲液迅速进入组织，取代残存戊二醛溶液。（以上操作应在通风橱中进行）

（三）后固定

漂洗后，转入 1％锇酸溶液中，4℃继续固定 1～2h。

（四）再漂洗

将后固定的材料取出，用 0.1mol/L 的磷酸缓冲液洗涤 4 次，每次 15～20min，洗去细胞中残余的锇酸，防止锇酸与脱水剂发生化学反应而形成沉淀。

（五）脱水

在室温条件下，采用逐级升高酒精浓度进行。即将漂洗后的材料依次通过 50％酒精、60％酒精、70％酒精、80％酒精、90％酒精、90％酒精：90％丙酮（1∶1）、100％丙酮（2次，每次 15～20min），充分除去组织中的水分。游离细胞和培养细胞的脱水时间可适当缩短。

注意：脱水必须彻底，包埋剂大都是非水溶性的树脂，只有生物样品中游离水分去除干净，才能保证包埋剂完全渗入组织。同时，如果含有水分的生物样品进入电子显微镜的高真空，样品会急骤收缩并放出水蒸气，这样就会使电子显微镜的高真空遭到损坏，并且造成镜筒污染。

（六）浸透

材料脱水之后要经过浸透处理，即用包埋剂与脱水剂按浓度梯度分级换液，使包埋剂逐渐取代脱水剂渗透到组织中去，最终使组织内所有空隙均匀充满包埋剂。

1. 包埋剂的种类

根据使用的乙二醇甲基丙烯酸酯和环氧树脂两类包埋剂的不同性质，对样品的渗透和包埋方法亦不同。对于动物样品，采用最多的包埋剂是环氧树脂。现主要介绍环氧树脂。

环氧树脂优点：具有三维交联结构，包埋后可保存细胞内的微细结构，对组织损伤小，聚合后体积收缩率低（仅 2％左右），耐受电子束轰击性好。

缺点：黏度大，操作不便，切片较为困难，反差较弱。

包埋切片时的难易，与树脂、固化剂、增塑剂及催化剂之间的比例有关，而且还取决于聚合的温度、时间等因素。常用固化剂（硬化剂）有十二烷基琥珀酸酐（DDSA）、甲基内亚甲基四氢邻苯二甲酸酐（MNA）等，它们参与树脂三维聚合中的交联反应，并被吸收到树脂链中。常用的增塑剂为邻苯二甲酸二丁酯（DBP），主要作用是提高包埋块的弹性和韧性，改善切割性能。常用的催化剂有2,4,6-三（二甲胺基甲基）苯酚（DMP-30），主要作用是可以催化聚合反应。

2. 环氧树脂包埋剂配制

国产 618 号树脂包埋剂配方：

618 号树脂	6mL
DDSA	4mL
DBP	0.3～0.8mL
DMP-30	0.1～0.2mL

Epon-812 包埋剂配方（Luft 配方）：

甲液：Epon-812　6.2mL　　　DDSA　10mL
乙液：Epon-812　10mL　　　MNA　8.9mL

甲液和乙液分别配制和贮存，使用时可根据不同硬度要求，按比例混合。甲液多则软，乙液多则硬。一般而言，冬季，甲液：乙液＝1：4（体积比），夏季，甲液：乙液＝1：9（体积比）。可视组织硬度和气候，选用不同甲乙液比例。待上述两液混匀后，再按 1.5%～2%体积比，在充分搅拌下逐滴加入 DMP-30，边加边搅拌，使其充分混合。Epon-812 的聚合温度为：37℃过夜；60℃，24～36h。

3. 浸透方法（以 Epon-812 包埋剂为例）

操作过程：在室温或 37℃条件下，先将样品依次置入丙酮：包埋剂（3：1）中10～30min，丙酮：包埋剂（1：1）30～60min，丙酮：包埋剂（1：3）中1～2h或过夜，纯包埋剂，2～5h或过夜。

（七）包埋

包埋的目的是使充分浸透的 $1mm^3$ 左右的小块样品埋置于树脂介质中，加温使包埋剂逐渐由单体聚合成高分子，样品与包埋剂一起获得高度的稳定性、均匀性，合适的硬度和弹性，以便切片。

1. Epon-812 包埋操作

① 准备好包埋模具（见图 1-8），可选用药用胶囊或特制的锥形塑料囊或多孔橡胶模板作包埋块的模具。

② 用滴管往模具中加入包埋剂至 3/4 位置。

③ 用牙签小心地将材料移入包埋剂内，待沉底后，调整材料的方向。

④ 往模具中注满包埋剂，用硫酸纸做标签放入模具内，放入聚合器或恒温箱中聚合。聚合温度和时间一般为：37℃ 12h，45℃ 12h，最后 60℃ 24h。

⑤ 关闭聚合器，待温度降至室温后取出包埋块，放入干燥器中保存。

2. 浸透和包埋注意事项

① 浸透和包埋的各种器皿、用具均应在用前洗净烘干，用后要立即清洗附有包埋剂的

容器，否则树脂化后难以清洗。

② 所用药品要注意防潮。药品应在干燥器或冰箱中保存，从冰箱中取出药品时，为防止水分进入，要使药品恢复到室温后打开。

③ 包埋动作要轻柔，避免产生气泡，并注意材料方位。

④ 聚合好的包埋块应放在干燥器内，以防止包埋块吸潮变软。

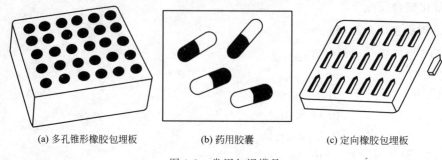

(a) 多孔锥形橡胶包埋板　　　(b) 药用胶囊　　　(c) 定向橡胶包埋板

图 1-8　常用包埋模具

（八）切片

1. 玻璃刀的制备

超薄切片使用的刀有钻石刀和玻璃刀两种。钻石刀质量好、经久耐用、切片时容易对刀，且能切出优良、连续的切片，特别适宜质地较硬的材料，钻石刀不用特意制备，市售有多种型号可选择，但其价格昂贵。玻璃刀是临用之前制备，刀刃易脆裂，通常一把刀只能切一个样品，适宜切质地柔软的样品，其价格比钻石刀便宜很多。下面介绍玻璃刀的制备：

玻璃刀可以用制刀机制作。常用 45°刀尖角玻璃刀（见图 1-9）。制刀机的型号有瑞典产 lkb-7800、奥地利 reichert-jung 和国产 cqb 三种型号，材料可用进口的制刀专用玻璃条。按照制刀机说明书操作，即可制作 45°刀，刀根<1mm。

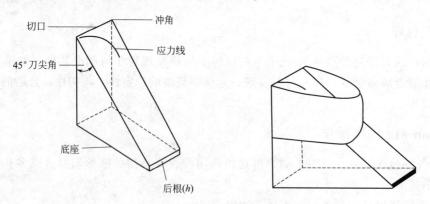

图 1-9　玻璃刀和玻璃刀水槽

2. 刀的检查与保护

肉眼观察刀缘是否有裂损、凸起或凹陷，如有则不能用。同时还需将刀安放在切片机的刀架上，打开白炽灯，在显微镜下观察刀缘，如果刀缘成一暗线（尤其是在刀缘的左侧 1/3 段内），说明其锋利无损。如果刀缘上有许多反光的亮点，说明有小的裂损，则不能用。为了保护刀缘，制刀和切片过程中不能有异物碰到，最好先做先用，以免放置过久，空气的氧化作用使刀缘锋利性受损。

3. 玻璃刀水槽制作

经检查后的玻璃刀还须在刀上做一小水槽（见图 1-9），以便在切片时让切下来的超薄切片漂浮在液面上。水槽可以用预先成形的金属片、塑料水槽或胶带制成。为防止漏水，水槽和玻璃刀相接处需用石蜡或指甲油密封。

（九）修块

在对样品进行超薄切片之前，先粗修包埋块，用超薄切片机修块的操作过程如下：

1）接通电源，打开照明灯。用样品夹夹紧包埋块，顶端露出 3～5mm。

2）把样品夹固定在修块台上，用单面刀片削去包埋块顶部及四周的包埋剂，暴露出组织。

3）用超薄切片机上的显微镜边观察边用刀片进一步修整包埋块，使其顶端呈规则的四面锥体形，顶面平整光滑，呈梯形、长方形或正方形，上下两边要严格平行，面积要小于 1mm×1mm，四个斜面的坡度在 45°左右。如需做半超薄切片进行光镜观察，锥体顶面的面积要尽量大一些，组织块周围可保留一部分包埋剂。

（十）半超薄切片、贴片、展片和染色

半超薄切片不仅可以给超薄切片提供准确定位，而且也可以了解样品包埋质量，以确定是否做超薄切片。半超薄切片步骤如下：

1）将修好的包埋块连同样品夹一起装在样品臂上；

2）将玻璃刀安装在刀座上，使刀刃与刀座上的标杆等高，调节刀的前角值在 3°～5°，左右移动刀台选择适合的刀刃位置；

3）前后移动刀座使刀靠近样品块，旋转样品夹及刀座，使包埋块顶端平面的上下两边与刀刃三线平行；

4）通过双目显微镜边观察边用微调进刀，直到刀刃与包埋块顶端的平面在同一垂直面上，即刀刃刚刚能接触到组织为止；

5）用注射器向刀槽内注入双蒸水，调节液面的高度直到获得一个合适的反光；

6）选择合适的切片速度与切片厚度（0.5～2μm）进行切片；

7）用毛笔将切片放在滴有双蒸水的载玻片上，再放在加热板上使切片展平、烘干；

8）在切片上滴加 0.5%苯胺蓝溶液染色 3～5min；

9）用蒸馏水洗掉多余染液，室温晾干后，用 Dammar 树胶封片，即可在光镜下观察。

染色效果：染色质蓝色，RNA 紫色，细胞质紫红色，木质素绿色，纤维和淀粉无色。

注：甲苯胺蓝 0.5g，加入 pH7.4 磷酸缓冲液 100mL，充分溶解后过滤即可得 0.5%苯胺蓝染液。

二、载网和支持膜

1. 载网

电镜中使用的载网有铜网、不锈钢网、镍网等，一般常用铜网。载网为圆形，直径 3mm。网孔的形状有圆形、方形、单孔形等。网孔数目不等，有 100 目、200 目、300 目等多种规格，可根据需要进行选择。

2. 支持膜制备

在透射电镜观察中，样品的支持通常是选用带有一层薄支持膜的铜网来完成。因为载网的目数再高也有空隙，为了防止极微小的样品（如悬浮液、粉体等）在捞片时漏掉或切片在电子束的轰击下卷曲，制作支持膜所选用的材料要求透明、本身在电镜下无可见的结构以及在电子束轰击下有高度的机械稳定性。

支持膜的种类很多，常用的有碳膜、火棉胶膜、Formvar 膜等。碳膜只需几个纳米厚，它的特点是分辨力高，化学性能稳定，机械强度也高，常用于加固其他膜。火棉胶膜是用来制备透明的、比较光滑的支持膜的最常用材料，其制备容易，但其机械强度较 Formvar 膜小，在电子束产生的静电作用下，膜易破裂。常规条件下，用 Formvar 膜可达到要求，Formvar 膜一般制成 20nm 左右，它的支持力较强，制备较复杂。但其机械强度较火棉胶膜好，不易被电子束击破，因此，Formvar 膜是目前最通用的电镜样品的支持膜，其化学成分为聚乙烯醇缩甲醛。下面介绍 Formvar 膜的制备方法（见图 1-10）：

1）用三氯甲烷将 Formvar 配制成 0.2%～0.5% 的溶液；

2）用乙醇洗净平滑的玻璃条，用绸布擦干，垂直插入 Formvar 溶液中，停留片刻后垂直向上取出，用滤纸吸去下沿多余的溶液，玻璃条上便形成一层均匀的薄膜；

3）自然干燥后用刀片沿膜的四周（距离边缘 2mm 左右）划痕，在膜上轻轻哈气；

4）将附膜的玻璃条缓缓斜向插入双蒸水中，由于水表面张力的作用，膜从玻璃条上脱落，漂浮在水上；

5）将清洗干净的载网轻轻排列在厚薄均匀、干净及无皱褶的膜上；

6）将比膜面积稍大的滤纸盖在膜上，随着滤纸吸湿，膜、载网和滤纸三者贴在一起；

7）用镊子夹住滤纸的一边，迅速提起并翻转，放在洁净的培养皿中干燥备用。

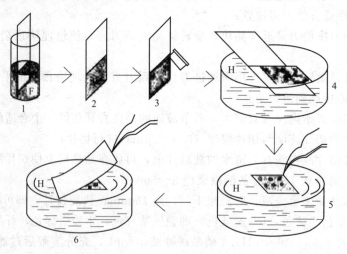

图 1-10　Formvar 的制备方法

1—沾膜液；2—成膜；3—切痕；4—漂膜；5—摆膜；6—捞膜；F—Formvar；H—水

注意事项：Formvar 膜制备最困难之处在于膜从玻璃条上分离会失败、膜的厚度会不均匀或形成小孔。制备时需注意以下几点：①制膜的室内湿度不宜超过 70%，用于制膜的玻璃条必须干净，否则膜不易从玻璃条上脱落；②配制药品的器皿要烘干，否则制出的膜会有斑点；③理想的支持膜厚度为 150Å（1Å＝0.1nm，下同）左右，膜的厚度与玻璃条在溶剂中浸泡时间和玻璃条从溶剂中取出后在瓶口停留的时间有关，时间越长，膜越薄，反之越厚，另外，玻璃条浸入溶剂及从中取出时动作要平稳、快捷，否则容易造成膜厚度不均匀或出现波纹；④当膜从玻璃条脱落时，动作要稳、轻巧，否则膜易起皱；⑤捞取时，要待膜与滤纸完全吸附在一起后才能翻转提起，否则膜易脱落。

三、超薄切片

超薄切片厚度在 $50\sim70nm$。高质量的切片应厚度均匀、表面平整，无震颤、无褶皱和破裂，且耐受高真空和电子束轰击。切片要求在防震、恒温和无较大气流流通的环境中进行。

1. 超薄切片机种类和工作原理

超薄切片机是进行超薄切片的专业设备，根据进刀原理可将超薄切片机分为两大类。

一类是热膨胀式超薄切片机，即利用金属杆热胀或冷缩时产生的微小长度的变化来提供推进力。热膨胀式超薄切片以 LKB 为代表，该类超薄切片机的进刀控制由对热极为敏感的金属材料控制，当对其进行加热时，金属便规则膨胀，使切片机刀口缓缓向前推进。由于该类切片机对温度极为敏感，故在超薄切片时，对环境温度的稳定性要求极高，温度变化大，易造成切片不稳定，切片厚度不易控制，切 50nm 以下的生物制品及用钻石刀切片时最好不用。

另一类为机械推进式超薄切片机，用微动螺旋和微动杠杆来提供微小的推进。以莱卡系列为代表，该类型超薄切片机的进刀以机械推进的方式进行。由于采用了高精度的机械推进装置，使进刀的稳定性大大提高，克服了热膨胀式超薄切片机由于温度不稳定而带来的切片质量不易控制的缺点。20 世纪 70 年代前生产的为热膨胀式，80 年代开始向机械推进式过度，目前的超薄切片机大多为机械推进式。

2. 超薄切片操作

1）光镜观察半超薄切片，对包埋块做适当再修整。

2）重新选择刀刃，按半超薄切片法进行对刀。

3）选择适合的切片速度和切片厚度进行切片，以切出银白色的切片为最佳（切片厚度 $50\sim70nm$）。如做免疫电镜需较厚（切片厚度约 90nm），颜色为金黄色。

4）在显微镜下用睫毛针将水面上的切片带断成几段并聚拢在一起，用镊子夹住载网的边缘，使载网与切片所在的水面平行，带支持膜的一面对准切片，与切片接触并沾取切片后迅速提起，用滤纸吸去水滴，放在铺有滤纸的培养皿中，自然干燥后染色。

3. 超薄切片注意事项

1）切片时密封条件要好，以保持超薄切片清洁，应尽量避免人员走动，以免破坏连续切片或使得空气中灰尘污染切片；

2）切片速度要合适，避免切片机震动；

3）在切片过程中，如切片被挤压，形成皱褶或折叠，可用二甲苯蒸气熏，使切片伸展变薄，恢复原来的形状，但过度熏会使切片溶解，破坏组织的正常结构。

四、电子染色

电子染色是指利用高密度的重金属染色剂（铅、铀）与细胞某些微细结构或成分结合，以增加样品局部的电子散射能力，提高电镜图像反差的方法。常用的染色剂是乙酸双氧铀和柠檬酸铅。

（1）铀盐

乙酸双氧铀可以与大多数成分如核酸、蛋白质、结缔组织纤维结合，尤其易与核酸结合，不易出现沉淀，对糖原、分泌颗粒和溶酶体等也有染色作用，具有放射性和化学毒性，见光分解。

（2）铅盐

柠檬酸铅（枸橼酸铅）是目前应用最多的铅盐染色剂，具有很高的电子密度，对各种细胞结构均有广泛的亲和力，尤其能提高细胞膜系统及脂类物质的反差。毒性较大，易与 CO_2 结合产生碳酸铅沉淀污染切片。

（3）染液配制

① 乙酸双氧铀染液配制：乙酸双氧铀 $UO_2(C_2H_3O_2)_2 \cdot 2H_2O$ 溶于 $50\% \sim 70\%$ 乙醇中至饱和，静置 $1 \sim 2d$，未溶部分沉淀在瓶底，取上部黄色透明溶液使用，避光保存。

② 柠檬酸铅染液配制：

A 液：硝酸铅 $Pb(NO_3)_2$ 1.32g

    柠檬酸三钠 $Na_3C_6H_5O_7 \cdot 2H_2O$ 1.76g

    双蒸水（煮沸、冷却）   30mL

充分摇匀，混悬液为乳白色柠檬酸铅络合物。

B 液：氢氧化钠 $NaOH$ 1mol/L

使用液：A 液配制完毕 30min 后，加 B 液 8mL，加双蒸水至 50mL 混匀，溶液清亮（pH 12）。如有沉淀，可离心后再用。室温条件下最多保存半年。

（4）染色步骤

① 用滴管吸取铀染液滴在标有"铀"的专用蜡盘中；

② 用镊子夹取载网，使载网有切面的一面向下悬浮在液滴上，染色 30min；

③ 用双蒸水充分清洗，之后将载网放在滤纸上，待稍干燥后再进行铅染；

④ 同样用滴管吸取柠檬酸铅染液滴在标有"铅"的专用蜡盘中；

⑤ 在蜡盘中放一些固体 NaOH，将载网有切面的一面向下悬浮在液滴上，染色 30min；

⑥ 用 0.1mol/L NaOH 溶液和双蒸水充分清洗，自然干燥后即可观察。

五、透射电镜（TEM）负染色技术

（一）负染色技术的原理

负染色技术是一种反衬染色，即利用重金属盐包绕低电子密度的样品，增强样品四周的电子密度，造成微细结构之间的"质量-厚度"差异，增强散射吸收反差，使样品在黑暗的背景下呈现明亮的结构。

负染色具有图像反差强、分辨率高、制作简单、不改变生物活性的优点。缺点是结果重复性和稳定性差，只能观察样品表面的形貌，无法观察内部结构。适用于显示大分子、细菌、病毒、原生动物、噬菌体、亚细胞碎片、分离的细胞器、核酸大分子、蛋白质晶体及其他大分子材料。

（二）负染色制片

1. 负染色液

负染色液一般均由重金属盐配制，染色液的 pH 一般以偏酸性效果好。

（1）磷钨酸

磷钨酸水溶液（磷钨酸、磷钨酸钠和磷钨酸钾）是最常用的负染色液，浓度为 $1\% \sim$

3%，pH 为 1.0 左右，用 1mol/L NaOH 调 pH 至 6.4～7.0，以免损伤标本。

优点：该染色液适用于大多数样品，颗粒细腻，反差好，图像背景干净，杂质少。

缺点：对某些病毒易产生破坏作用。

（2）乙酸铀（乙酸双氧铀）

通常用双蒸水配制成 0.2%～0.5% 水溶液（pH 4.5～5.5），临用时配制并调 pH 至 5.5。

优点：显示病毒细节好，反差强，对样品破坏小。

缺点：颗粒性杂质多，当 pH＞6.0 时产生沉淀而失效，见光分解。

（3）甲酸铀

通常配制成 0.5%～1% 水溶液（pH 3.5），使用时用 NaOH 调 pH 至 4.5～5.2。该染液不稳定，现配现用。

（4）钼酸铵

通常配制成 2%～3% 水溶液或乙酸铵溶液，使用时用乙酸铵调 pH 至 7.0～7.4。该染色液反差小，性能稳定，适于有界膜的生物样品。

2. 取材

负染色样品取自悬浮液，但样品必须达到一定浓度和纯度才能与染色剂之间产生特异和清晰的结合。常用取材方法如下：

（1）直接取法

某些皮肤病毒性疱疹，如天花、水痘等，可用毛细吸管直接刺入疱疹中间取样，再将吸管中的样品滴在带有支持膜的载网上染色观察，用于临床快速诊断。

（2）离心提取

主要用于细菌、病毒、噬菌体等微生物的提纯，细胞匀浆中线粒体、微管等细胞器的提取。先低速（3000r/min）离心，保留上清液，弃去较大的杂质，再经低温超速离心取沉淀物，制成悬浮液。

（3）细胞培养（病毒感染）取样

从培养瓶中刮下病毒感染的细胞，低速离心，弃上清液，加入培养液与双蒸水的混合液（1∶4），由于低渗作用，导致细胞破裂，释放病毒，然后按上述离心提取。

（4）抗体-病毒凝集法（负染色免疫电镜）

某些病毒，如风疹病毒、小儿腹泻轮状病毒、甲（乙）型肝炎抗原等，可与相应的抗体形成病毒-抗体复合物，经离心沉淀浓缩取沉淀物，可用于病毒疾病的快速诊断。

3. 染色

（1）滴染法

① 将样品悬浮液直接滴在带有支持膜的载网上，静置 3～5min，用滤纸条从液滴边缘吸去多余液体；

② 待稍干燥后滴加染液，2～3min 吸去多余染液，自然干燥后观察。

（2）漂浮法

① 将带有支持膜的载网置样品液滴上漂浮以沾取样品；

② 置于染液液滴上漂浮，1～2min 后，滤纸吸干，待自然干燥后观察。

4. 影响负染色的因素

1）样品浓度。样品含量太少，由于电镜视野小，在电镜下观察不易找到目标；如果样品浓度太大，会改变溶液的酸碱度而影响染色效果，每种样品的适宜浓度需要摸索。

　　2）样品纯度。在可能情况下，样品要纯。

　　3）染液 pH。负染色的染色液一般是中性偏酸，过酸或过碱会影响染色的效果。

　　4）进入染料染色时，滴有样品的铜网不可过干，稍有湿度的情况下一般效果较好。

六、半超薄切片出现的问题及解决方法

　　优良的超薄切片应厚度均一、切面完整，超微结构保存良好，适合于电镜观察并无污染、无皱褶、无刀痕、无震痕、反差好。但在实际制片过程中，往往发生切片缺陷，如颤痕、刀痕、空洞、厚薄不均等。产生这些问题的主要原因分析及解决办法见表 1-9 所示。

表 1-9　半超薄切片出现问题、原因及解决办法

切片问题	可能原因	解决办法
空洞	①样品内有硬组织或钙化 ②脂类成分较多 ③浸透不良	①将组织内部硬化部分修掉 ②改变包埋剂配方使其组织硬度一致
颤痕（平行于刀刃周期性疏密相同的纹路）	①刀和样品块高频率的颤动 ②局部颤痕可能与组织结构不均或包埋块硬度不均有关 ③样品头或刀固定不紧	①改变刀角或切速 ②调整切面部位或改变包埋剂配方 ③拧紧松动部分
皱褶	①切速过高 ②包埋块太软 ③玻璃刀钝	①改变切速 ②调整包埋剂配方 ③换玻璃刀
刀痕	①组织内有硬化物 ②刀有缺口	①修掉硬化组织 ②更换新刀
厚度不均	①包埋剂与样品硬度不一致 ②刀刃锐度不一致 ③由于震颤造成	①修块，尽量除去空白包埋介质 ②更换新刀 ③消除震颤
切片黏附于样品块上	①切面修整不平，光滑度不够 ②刀槽液面过高	①重新修整切面 ②调整液面高度
跳片	①玻璃刀不锋利 ②组织较硬 ③样品夹或刀座夹未夹紧	①更换新刀 ②拧紧样品夹和刀架夹
切片时切面带水	①刀背有水或不干净,包埋块吸湿变软 ②包埋剂太软 ③水槽液面过高	①清洁刀片,用滤纸吸走切面水珠,或把包埋块放干燥器中干燥 ②调整包埋剂配方 ③调整水槽液面
不能形成连续的切片带	①包埋块边缘不整齐或包埋块不平行于刀刃 ②水槽液面过高 ③气流影响 ④刀刃锐度不一	①重新修块 ②调整液面高度 ③避免人员走动或空调送风 ④调整刀刃部位或更换新刀

第二章 | 非切片法

一、整体制片法

不经过切片，将微小或透明的生物体或器官整体封藏起来制成玻片标本的方法称为整体装片法。该法制片简单易行、效果好，可制成临时、半永久或永久玻片标本，适用于低等植物、动物和某些高等植物及动物材料，如浮游动物和植物，单细胞、群体或丝状体藻类，动物的精子、卵等。整体封固能明显地表现出其器官的全部特性，但由于有的整体生物是几层细胞，因此，有时没有切片清晰。

由于整体封固用的脱水剂、透明剂和封固剂不同，其具体方法也有所不同：

（一）临时和半永久性整体装片法

1. 甘油法

甘油法是用甘油作为脱水剂和透明剂，并封固于甘油中，该法可保存植物的自然颜色，分为不染色和染色两种制片方法。

（1）不染色制片法

将少许材料置于载玻片中央，加 1～2 滴 10% 甘油水溶液，盖上盖玻片，平放于培养皿或干燥器内让水分蒸发。

当其中的部分水分蒸发后，从盖玻片某侧加 1 滴 20% 甘油水溶液，继续让水分蒸发，然后再加 1 滴 40% 甘油水溶液，直至蒸发浓缩到纯甘油为止，制好的片子可长期保存，但必须平置，用时亦需十分小心。

（2）染色制片法

常用的是铁矾-苏木精染色，经取材、固定、浸洗、染色和封片。

固定：将取好的材料放入铬酸-乙酸固定液中固定 12～24h。固定液体积约为材料的20 倍。

浸洗：将固定好的材料放入流水中冲洗 24h，或将材料放入培养皿中，换水洗 5～6 次，然后用蒸馏水洗一次。

染色：将洗净的材料放于 4% 铁矾水溶液中媒染 0.5～1h，自来水冲洗 20～30min，0.5% 苏木精水溶液染色 1～2h，自来水冲洗 10～20min，2% 铁矾水溶液分色，最后自来水冲洗 20～30min。

（3）注意事项

蒸发速度不可太快，为防止材料收缩，加入的甘油浓度亦应逐渐增加。

为保证蒸发至甘油浓度时能浸润材料，10% 的甘油用量不能少于材料体积的 10 倍。

载玻片上不宜放置材料太多，否则材料重叠，影响观察。

2. 水封装片法

浮游植物、浮游动物、菌类或花粉培养液等用吸管吸取含有材料的液体，滴 1～2 滴于载玻片中央，按石蜡切片的封片方法加盖玻片，使盖玻片与载玻片之间形成水封状态。若盖玻片下出现气泡，应重做。丝状藻类、菌丝、苔藓、蕨类和昆虫等材料，制片时先将样品置于载玻片中央，而后在样品上滴一滴水，使其散开（也可先滴水后放材料），盖上盖玻片观察。

（二）永久性整体装片法

与半永久性制片相比，永久性整体封片更坚实和经久耐用。丝状藻类及其他柔软的材料，主要包括以下步骤：

1. 杀生与固定

可选择最适合的固定液进行。

2. 冲洗

3. 染色

最适宜的染剂为各种苏木精溶液，可将材料放于染色剂中 30min～1h，直至染色颜色较深，取出在蒸馏水中冲洗直至水中无色，放入盐酸酒精（100mL 酒精中加 1 滴盐酸）中脱色 1～2min，清水洗涤后观察，可再次放入盐酸酒精中，直到细胞核与淀粉呈蓝色为止。

4. 脱水、透明与封藏

（1）威尼斯松节油法

① 按一般方法固定和染色。

② 按甘油胶冻法将已染色的材料移入 10％甘油水溶液内，暴露于空气中，逐渐蒸发到纯甘油为止（3～4d）。

③ 用 95％的酒精洗去甘油（应换洗几次），10～30min（如需对染，可在此时进行）。

④ 移入纯酒精中 10～15min。

⑤ 移入 10％松节油纯酒精液中，放在干燥器内待蒸发至纯松节油为止。

⑥ 用松节油或加拿大树胶封藏（相对于松节油，加拿大树胶封藏不容易产生结晶体）。

（2）叔丁醇树胶法

① 染色及冲洗同前。

② 在 15％、30％、50％、70％酒精中脱水，每级停留 20～30min。

③ 加对染剂（曙红 Y、真曙红 B 或固绿的纯酒精饱和溶液）数滴于 70％酒精中进行对染，为了使对染的颜色较深可染 4～12h。

④ 在 70％酒精中洗涤，再移入下列各组溶液中，每组为 30min～1h：纯酒精 3 份，叔丁醇（无水）1 份；纯酒精 2 份，叔丁醇 2 份；纯酒精 1 份，叔丁醇 3 份；叔丁醇中换 2 次，每次 15min。

⑤ 将材料移入贮有 5％的叔丁醇树胶的广口瓶中，置于约 35℃的温度下徐徐蒸发。

⑥ 当树胶蒸发到比普通封藏用树胶浓度稍为稀薄时，可将适当分量的材料取出进行封藏。

（3）二氧六环树胶法

① 固定和染色同前。

② 将已染色的材料经过 20％、40％、60％、80％、90％、100％二氧六环脱水，逐级上升，在每级中停留 1～2h。

③ 换无水二氧六环 2 次，每次 1～2h，镜检，如无收缩现象可进行下一步，若发现细胞有质壁分离的现象，则须将材料退回到浓度低的二氧六环中使它恢复原状后，再逐级慢慢上升到纯二氧六环中。

④ 将材料移入 10％的树胶（溶解于二氧六环）中，这种带有材料的稀薄树胶可盛在不加盖的广口瓶或酒杯中，置于无灰尘处或温箱内，其温度控制在 35℃左右，让它慢慢蒸发，时间需 2～8h（若材料易变脆则可自 5％的树胶开始蒸发，并在瓶口松动加盖控制其蒸发速度）。

⑤ 蒸发到适当浓度后，进行封藏。

二、压片法

压片法是把需要观察的材料经过处理放在载玻片上，将其分散，盖上盖玻片，用拇指或铅笔带橡皮头的一端轻压盖玻片，使材料分散成为易于观察的一薄层。也可经过系列处理，制成永久装片。常用于观察细胞形态、有丝分裂过程、染色体数目、组型和结构等。

（一）孚尔根压片法

此法常用于根尖的压片，染色体被染成鲜艳的紫红色。

（1）固定

将植物根尖固定在纯酒精-冰醋酸（3∶1）液中 30min～24h。若不立即染色，可换到 70％酒精中保存。

（2）复水

固定好的材料经 80％-70％-50％酒精复水，每级 10min，然后入蒸馏水浸洗。

（3）水解

将材料放入 1mol/L HCl 中，置于 60℃恒温箱水解 5～15min。若固定液中含有铬酸，则需延长水解时间至 20～30min。

（4）染色

将材料从恒温箱中取出，倒出盐酸，加入无色品红少许，染色约 30min，待根尖变为深紫红色为止。

（5）冲洗

材料染色后放入漂洗液浸洗 3 次，每次 5～10min，洗去浮色。用流水冲洗 10～15min，再用蒸馏水浸洗一次。

（6）压片与冷冻处理

将染色后的根尖放在载玻片中央，切除未染色部分，然后在根尖上面加一滴 45％乙酸，并用玻棒或其他用具将它捣碎，使其均匀分散。加上盖玻片，在盖玻片上再放一小块吸水纸，拇指垂直按在吸水纸上向下压一下，以吸去多余的 45％乙酸；或先将盖玻片盖上，用解剖针的木柄在盖玻片上轻压根尖使细胞分散亦可。用显微镜检查压片，选择合格者，用蜡笔于盖玻片四周的载玻片上划出标记后放入冰箱内冷冻。冷冻后，用解剖刀将盖玻片轻轻取下，放在载玻片上无材料的地方。

（7）烘干与封片

将载玻片排列于木托盘内，放入 38～40℃的恒温箱内烘干。然后将树胶溶液滴压在材料上，把盖玻片按原位盖好，放入烘箱内继续烘干。

（二）醋酸洋红（或醋酸地衣红）压片法

这种方法将杀生、固定和染色联合在一起。刚制成的暂时封片既可对染色体进行计数，也可用来研究其中的结构。可暂时封藏，也可制成永久封片。

1. 暂时封藏法

1）将新鲜材料（如花药、果蝇或摇蚊幼虫的唾液腺等）解剖出来，放在清洁的载玻片上。

2）在材料上加一滴醋酸洋红，然后用玻璃棒的一端将材料轻轻压碎，均匀分散后盖上盖玻片。

3）将载玻片在酒精灯上烤几次，其温度以不灼手为度。

4）在盖玻片的一侧加一滴45％乙酸进行脱色，此时在其对侧用吸水纸将盖玻片下的醋酸洋红吸掉，代之以无色的乙酸，再用另一吸水纸放在盖玻片上面，轻轻压一下，将盖玻片四周多余的乙酸吸去。

5）待盖玻片四周的乙酸晾干后，即可用石蜡或甘油胶冻将盖玻片四周封起来。此片存在冰箱中，可观察1～2周，如时间过长则颜色变深而无法鉴别。

2. 永久制片法

1）用石蜡或甘油胶冻将盖玻片暂时封藏的片子取出，用刀片刮去盖玻片四周所封的石蜡，再用毛笔蘸二甲苯少许将残留的石蜡擦去（或用45％乙酸除去水溶的封藏剂）。

2）若系新鲜材料的制片，可按"暂时封藏法"进行到第4）步。

3）将载玻片反过来（盖玻片向下）放在盛有脱盖玻片液（1份45％乙酸＋1份95％乙醇）的培养皿中（在其中可安置U形玻棒，以便将载玻片搁在上面）。

4）待盖玻片掉下后，即可将载玻片及盖玻片（因在它的上面也粘有材料）一起移入纯酒精的染色缸中。

5）照一般方法透明后，即可将载玻片取出，把盖玻片上粘材料的一面对着载玻片，在原来的位置上进行封藏。

三、涂片法

涂布法是将动植物比较疏松的组织或细胞均匀地涂布在载玻片上的一种非切片制片方法。这种方法很简便，对单细胞生物、小形群体藻类、血细胞、细菌、高等动植物较疏松的构造（如精巢和花药等）很适用。特别是在细胞学上对染色体形态和数目的观察应用较多，效果也很好。

1. 固定液

固定液的选择因不同材料和不同目的而异，一般固定液如纳瓦申液、卡诺氏液、布安氏液、津克尔液等均适用，也可采用一些特殊的固定液。

纳瓦申原液及其改良液在植物制片上应用很广，是研究组织学和细胞学的优良固定剂。使用时可根据原料柔嫩或坚硬的程度选择配方：柔嫩而含水多者可用表中的原液、改良液1或2；坚韧而含水少者可选用表中的改良液3、4或5。固定时间为12～48h，固定后可以在70％酒精中浸洗数次，然后继续脱水。配方见表2-1。

表 2-1 纳瓦申固定液 单位：mL

常备液		纳瓦申原液	纳瓦申改良液				
			1	2	3	4	5
甲液	1%铬酸		40	40	60		
	10%铬酸	15				8	10
	10%乙酸		15	20	40	60	70
	冰醋酸	10					
	蒸馏水	75	45	40		32	20
乙液	福尔马林	40	10	10	20	20	30
	蒸腾水	60	90	90	80	80	70

注：甲液和乙液中含有还原剂和氧化剂，故不能预先混合储备，使用之前才可将两液等量混合。

2. 固定材料（如花药）的涂布步骤

1）将花药取出放在清洁的载玻片上。

2）用刀片压在花药或精囊上面向一边抹去，将其中的细胞压出来，使之成为一平坦的薄层均匀分布在载玻片上。

3）立刻将涂布好的片子反过来，以水平方向放入盛有固定液的培养皿中的玻棒上，使涂布面与固定液接触。

4）在固定液中停留 5～20min。

3. 液体材料（如鱼血）

1）采血：用解剖刀或解剖剪去掉鱼尾放血。将流出的第一滴血用药棉擦去不要。若血流不畅，可用手轻轻挤压。鱼血凝固较快，因此操作要迅速。

2）涂片：取洁净的载玻片一张，将鱼血滴在玻片左端。另用一边缘光滑的洁净玻片，以其末端边缘置于血滴右缘，然后稍向后退，血液就充满在两玻片的斜角中，再以 40°角向右方拖动，作成血液薄膜。拖动时用力不能太大，要均匀并保持一定的速度。过慢则涂片较厚或凝固。注意：不能在同一张片子上涂第二次。

3）染色：待涂片稍干后，加数滴赖特氏染液在血膜上，使染液将血膜完全淹没，用培养皿盖上，以防蒸发。2min 后，一滴滴加上等量的重蒸水或缓冲液，使之与染液均匀混合，静置 2～4min。用滴管吸蒸馏水，将多余染液慢慢冲去，即可观察。

4）封藏：涂片完全干燥后，可用中性树胶或浓香柏油封藏保存。

四、离析法

离析法（解离法）是借药物的作用将组织浸软，使组织的各个组成部分之间的某些结合物质被溶化而分离的一种非切片法。可做成临时装片或永久装片。

1. 铬酸-硝酸解离法（Jeffrey 氏法）

适用于木质化组织，如木材、草本植物坚实的茎。

1）取材与解离：将材料切成如火柴一样粗细的小条，长 1～2cm，装入管内，倒入铬酸-硝酸解离液（10%铬酸：10%硝酸）（大于材料的 20 倍）盖好瓶塞。浸渍 1～2d 或更长（用解剖针分离，若纤维细胞不能分散，需换新液继续解离）。

2）冲洗：材料解离后，用流水冲洗 12～24h，放入蒸馏水浸洗 1～2h 后做临时装片，或放入甘油内保存，或经下列步骤做成永久装片。

3）分散：蒸馏水浸洗后，将材料分散成单个细胞，倒入离心管内，离心后倒出上清液。

4）染色、脱水、透明、封片：可在 1％的番红水溶液中染 2～6h。按石蜡切片逐级脱水、二甲苯透明，中性树脂封片。

2. 盐酸-草酸铵离析法

此法又称为麦克莱恩和艾维米-库克法，适用于草本植物髓、薄壁细胞、叶肉组织等。

1）将材料分割成小块（1cm×0.5cm×0.2cm）。

2）放入浓盐酸（1 份）与 70％酒精（3 份）混合溶液内浸 24h（若材料有空气，则需抽气，抽气后再换一次溶液）。

3）用水冲洗，去除离析液。

4）放入 1％草酸铵水溶液，直到解离为止。

五、磨片法

主要用于含有钙盐等矿物质成分、质地坚硬的材料，如脊椎动物的牙齿、软体动物的介壳、珊瑚虫的骨骼等，可将标本用磨石磨成薄片，再封固于玻片内。

（一）操作步骤（以骨为例）

1）清洗与脱脂。

将骨放在温水中浸泡数日，使其周围的结缔组织和肌肉腐烂，刷洗干净，晒干。然后再放在 95％酒精中泡几天以溶去脂肪，晾干。

2）锯成 1～2mm 厚的薄片（齿很难锯开，可以磨薄）。横切和纵切的面必须很正。

3）在粗磨石上加水磨至约 0.2mm 厚的薄片，厚薄必须均匀。

4）用细磨石磨成 20～30μm 的薄片。骨片干燥后，用显微镜检查，至能看清骨小管为止。

5）蒸馏水洗数次，再放入 80％、95％酒精中脱脂（各 12～24h）。如脂肪很多，可用无水酒精或乙醚纯酒精等量混合液脱脂 10h 以上，然后晾干。

6）在载玻片上加 7～8 滴浓树胶，再放在酒精灯火焰外面约 1cm 处烤至不易流动为止，趁热放上干燥骨片，加上盖玻片稍烤即成。切不可使树胶透入骨小管内。

（二）骨磨片的染色

如欲使磨片更加清晰美观，可用下列两种方法处理骨磨片。

1. 复红酒精浸染法

1）经过细磨脱脂后的薄骨片，从 95％的热酒精中取出，立即投入 2％酸性复红酒精液中，浸液约为组织的 10～20 倍。

2）在酒精灯上慢慢加热至沸，5～10min，至浸液蒸发为组织的 2～4 倍。

3）将组织和所余浸液，一并置于室温下 3～5d，至浸液挥发完（不可过干）。

4）浸染过的薄骨片，直接浸泡在润滑油（二甲苯、汽油也可）内。

5）将薄骨片用油放在细油磨石上研磨（双面研磨），使两面的浮色磨掉，用显微镜检查，直至骨的结构清晰为止。

6）磨好的骨片剪成小条放在二甲苯中。然后进行封藏。封藏时需将骨片周围的二甲苯吸干。用一般的稀树胶封藏即可。

结果：背底几乎无色，哈氏管呈深红色或黑色，骨陷窝和骨小管呈深红色，部分骨细胞体呈淡红色。

2. 银沉积法

1）骨片磨薄（但不可过薄）后，浸于乙醚酒精中脱脂，晒干，蒸馏水略洗。

2）0.75％硝酸银水溶液 1～3d（置暗处，瓶底置脱脂棉）。

3）蒸馏水速洗一次或不洗，浸于甲醛、对苯二酚溶液中（40％甲醛 2～5mL，对苯二酚 1g，蒸馏水 100mL）还原，约 18～24h。

4）以水充分洗涤。

5）用细磨石两面磨薄，至在镜下看清楚骨小管为止，如颜色太黑，可用 1％过氧化氢分化。

6）水洗、脱水、透明及封藏如常法。

第三章 生物组织化学

第一节

组织化学标本制备

组织化学（histochemistry）或细胞化学（cytochemistry）是在保持组织和细胞正常生理状态的条件下，相应物质在组织和细胞内的定性、定位和定量及其变化规律的研究，以便阐明它们在组织和细胞中的存在和含量及其变化的机能意义。因此，组织化学是以组织学、细胞学、生物化学、分析化学及物理学等原理和技术作为研究手段的。

组织化学的基本原理是在组织切片或细胞涂片上加入一定的化学试剂，该试剂与组织或细胞内的拟检成分起化学反应，形成有颜色的终末反应产物并沉淀在相应位置上，在显微镜下进行观察，用以研究无机盐、微量元素、糖类、脂类、蛋白质、酶类和核酸等物质在组织或细胞内的分布和含量。

组织化学不仅有利于研究形态结构与功能和代谢的关系，定位显示化学性质和化学成分，而且还有利于确定细胞特征及化学成分的变化规律，有利于疾病和损伤状态下的诊断、鉴别诊断、病因机理等。因此，组织化学技术已广泛应用于动植物基础研究、生物医药研究、病理诊断等方面。

一、组织化学技术要求

组织化学技术特点是不依赖于经验染色方法，而是必须根据已知的化学或物理反应原理，在组织或细胞中原位进行化学或物理反应，显示出该组织或细胞中的化学成分、性质以及变化。为了在保持其完整结构的同时显示其化学物质，组织化学技术必须满足以下几点要求：

1）保持组织和细胞原有的形态结构，以便反应产物的精确定位；

2）保存生活细胞内的生活时的化学成分及酶活性；

3）用于检测产物的化学或物理方法具有特异性；

4）反应生成的产物必须是稳定的有色物质（能在光学显微镜下观察）或电子密度高的物质（能在电子显微镜下观察），其颜色深度与对应物质的含量具有一定的量效关系；

5）重复性好，对某些物质如核酸、酶等的鉴定，需要做对照进行比较。

二、组织化学标本制备的一般步骤

（一）固定

组织化学固定不仅要使组织和细胞形态结构尽可能保持在接近于生活时的状态，不致由于细胞内酶的作用而发生自溶现象使组织和细胞的形态结构受到破坏，而且要保存所研究组织和细胞某些化学物质（如脂类、糖类、蛋白质等）以及酶精确定位和反应活性。一般说来，新鲜未固定的组织对于反应性的保存最好，但形态结构保存较差，可溶性物质易于弥散。而经过固定的组织形态结构保持较好，但其反应性能却随固定程度而减弱，化学物质易丢失，特别是酶易失去活性。不同化学试剂所保存的化学成分、对酶活性的影响均不相同。因此，要根据实验目的和组织化学反应选择最佳的固定方法和固定剂。

（二）制片

生物制片的方法很多，但总的说来可以归为两大类，即切片法和非切片法。切片方法主要包括石蜡切片、冰冻切片、超薄切片。大部分物质的组织化学都可以通过石蜡切片方法制片。冰冻切片法不经过有机试剂、加温包埋等步骤，适用于研究细胞膜表面和细胞内多种酶的活性、脂肪、脂类以及抗原的免疫活性。各种制片方法步骤见第一章。

（三）显示

纯化学反应这种显示方法采用已知的化学反应，在细胞上生成有色沉淀以进行定位。绝大部分组织化学方法均属此类。

1. 金属沉淀法

利用金属化合物在反应过程中生成有色沉淀，借以辨认所检查的物质或酶活性。如检测碱性磷酸酶的钙钴法和酸性磷酸酶的硝酸铅法，钙钴法反应最终生成黑褐色硫化钴沉淀物，硝酸铅法最终产物为棕色的硫化铅沉淀，从而反映出酶活性。

2. 偶氮偶联色素法

其原理是利用酚族化合物与偶氮染料结合后可以形成不溶性偶氮色素，从这一原理出发已发展出许多细胞化学方法，以显示细胞中多种化学物质，如肽酶、转肽酶、β-葡萄糖苷酶、氨基酸、磷酸酶、酯酶等。经常使用的萘酚系列化合物有 2-萘酚、1-萘酚、6-溴-2-萘酚、6-苯甲酰-2-萘酚、2,4-二氯-1-萘酚、2,4-二溴-1-萘酚、萘酚 AS 和萘酚 AS 衍生物等。使用的重氮盐种类不同，其偶氮颜色也各有差异，反应的沉淀物可显示蓝色、紫色、红色、褐色、黑色、棕色等多种颜色。如酸性磷酸酶（ACP）检测，是以萘酚的衍生物磷酸酯为底物，ACP 水解释放出萘酚 AS-BI，立即与氯代六甲基对品红偶联，生成红色偶氮染料，从而检测 ACP 活性。

3. Schiff 反应法

Schiff 主要由碱性品红和亚硫酸钠配制而成。细胞中的醛基可使 Schiff 试剂中的无色品红变为红色，这种反应在糖类、核酸、蛋白质和不饱和脂类中都有应用。如高碘酸-Schiff反应（PAS反应）显示糖类、孚尔根反应（Feulgen）显示 DNA、茚三酮-Schiff 反应检测蛋白质氨基和过甲酸-Schiff 反应显示磷脂都是这类反应。

4. 联苯胺反应

利用过氧化氢酶分解 H_2O_2 产生新生态氧，后者再将无色的联苯胺氧化成联苯胺蓝，进而变成棕色化合物，这种反应常用于显示过氧化酶。

5. 普鲁士蓝反应

利用三价铁与酸性亚铁氰化钾作用，形成普鲁士蓝，这种反应常用于显示三价铁。

6. 四唑盐反应

含有四唑盐或双四唑盐的底物混合液，在氧化酶或脱氢酶的作用下，从底物分离出来的氢原子与无色的四唑盐或双四唑盐相结合，形成红色或蓝色的甲瓒（formazane）或二甲瓒色素（diformazane），常用的四唑盐有三种：硝基蓝四唑（NBT）、四硝基蓝四唑（TNBT）、噻唑蓝（MTT）。四唑盐反应常用于检测氧化酶或脱氢酶，如琥珀酸脱氢酶、乳酸脱氢酶、苹果酸脱氢酶等。

7. 类化学方法

极少数组织和细胞中染色反应具有特异性，有的机理尚不清楚。如 Best 胭脂红染色可显示糖原，丙酮-硫酸尼罗蓝染色法显示磷脂，Baker 酸性苏木精染色可显示磷脂，Mayer 黏液洋红与黏液苏木精（Mayer 苏木精）显示黏蛋白。

8. 物理学方法

（1）脂溶染色法

如苏丹、油红染料溶于脂类而使脂类显色。

（2）荧光分析

借某些物质结构可吸收紫外线激发出可见荧光而被显示，如细胞内维生素 A 和卟啉呈红色，脂褐素呈橙黄色，胶原和弹性纤维可显蓝绿色。

（3）放射自显影术

在体内或体外给予同位素标记的特定化合物，然后借以探测同位素存在的部位，了解物质代谢途径和细胞增殖周期。

9. 免疫学方法

大分子物质具有免疫特性因而可制成特异抗体，再用各种标记物（如荧光素、过氧化物酶和胶体金）标记该抗体，根据免疫学抗原抗体反应原理，用标记抗体或标记抗原显示相应抗原或抗体。

10. 利用物理化学特性的方法

如改变 pH 和等电点改变蛋白质染色性，从而显示不同种类的蛋白质。

11. 显微烧灰法

这种显示方法用于检查有机物燃烧后残留物中的无机物。

三、组织细胞化学技术注意事项

1）实验器材要充分洗净。

2）取样要尽可能新鲜，针对不同的研究目的，正确选择固定液，既要保持组织细胞良好的形态结构，又要保存所研究的物质。

3）酶组织化学要选用合适的固定液，最大可能保证酶的活性，最好选用冰冻切片法。

4）试剂要配制准确，尤其是酶组织化学，试剂和作用液 pH 要准确，严格按照该酶反应的条件进行，注意做对照。

5）鉴定时所用试剂必须是对所要鉴定的物质具有特异性，若同时还能对其他物质起反应，应设法先除去这种物质。

第二节
糖类组织细胞化学方法

一、糖类固定

组织细胞中最常见的多糖是糖原和黏液物质。糖原易溶于水，在酶的作用下容易分解为葡萄糖，后者更易溶于水。故取样必须采用新鲜样本，样本不宜过大，并及时用能固定糖原的固定液固定。固定多糖常用含酒精的混合固定液，固定原理是使与糖原结合的蛋白质凝固，糖原被周围凝固的蛋白质膜保护。

1. Carnoy 固定液（4℃）

Carnoy 固定液由无水乙醇、氯仿和冰醋酸组成。无水乙醇可以防止糖原溶于水，氯仿增加渗透力，冰醋酸具有使组织膨胀的作用，抵消无水乙醇对组织收缩的作用。该液固定迅速，用于糖原、RNA 和 DNA 的固定。配方如下：

无水乙醇	60mL
氯仿	30mL
冰醋酸	10mL

Carnoy 渗透力强，小块组织固定 1h。配好的固定液可置冰箱内备用，为了减轻组织收缩，采用冷 Carnoy 固定法（4℃）。固定后直接入纯酒精脱水，最好用苯透明。浸蜡时间不宜太长，以免组织变脆。

2. Lillie 固定液（AAF）

无水乙醇	85mL
甲醛	10mL
冰醋酸	5mL

取小块组织置于 4℃冰箱内固定 1～4h，固定期间更换 2～3 次新液。固定预冷 4℃，固定后 95％乙醇脱水。

3. Gendre 固定液（4℃）

苦味酸无水乙醇饱和液	80mL
甲醛	15mL
冰醋酸	5mL

临用前配制。取小块组织置于 4℃冰箱内固定 1～4h，固定期间更换 2～3 次新液。固定后禁用水洗，直接用 80％酒精浸洗数次后，至 95％酒精中开始脱水。

二、显示多糖的高碘酸-Schiff 反应(PAS 反应)

1. 反应原理

高碘酸是一种强氧化剂，其可氧化多糖分子结构内 1,2-乙二醇基（顺式和反式）而产生两个醛基，形成的醛基与 Schiff 试剂中无色的亚硫酸品红起反应，生成紫红色化合物沉淀，有此沉淀物的部位即表示有多糖的存在。

2. 试剂配制

（1）0.5%高碘酸溶液

称取 0.5g 高碘酸溶于 100mL 蒸馏水中。

（2）Schiff 试剂

碱性品红	1g
偏重亚硫酸钠（$Na_2S_2O_5$）	2g
1mol/L 盐酸	20mL
双蒸水	200mL
活性炭	0.3g

Schiff 试剂配制的具体步骤及方法如下：

① 将颗粒状的碱性品红研磨成细粉状以便溶解。

② 将双蒸水煮沸，冷却至 70℃ 时将碱性品红加入，搅动至充分溶解后过滤，溶液应为紫红色。

③ 加入盐酸，摇匀，溶液呈黑紫色。

④ 加入偏重亚硫酸钠，摇动至充分溶解，避光静置 24h，品红即被还原成品红-亚硫酸，即 Schiff 试剂，溶液由浅红变为黄色。

⑤ 加入活性炭，摇匀后立即过滤于棕色瓶中贮存，滤液无色或微黄色，即可使用。塞紧瓶塞，置于黑暗阴凉之处或冰箱（4～8℃）保存，可保存数月。

（3）唾液的收集

收集唾液，用 2～3 层纱布过滤去除食物残渣即可。

3. 操作步骤

1）取材与固定，固定液可选 Carnoy 固定液、Lillie 固定液（AAF）、Gendre 固定液之一，固定方法如前。

2）制片，可用常规石蜡切片或冰冻切片法。

3）染色。

① 切片脱蜡至水。

② 对照切片入唾液内，在 37℃ 恒温箱中孵育 1h。唾液中的淀粉酶可将细胞内的糖原水解掉，以做对照实验。

③ 将经过和未经过唾液处理的切片同入 0.5%高碘酸中氧化 5～10min，不可过长。

④ 切片入双蒸水换洗几次，或先用流水冲洗 5min，再用双蒸水洗一遍，以洗掉多余的高碘酸。

⑤ 入 Schiff 试剂中浸染 10～15min，为加快染色可放入 37℃ 恒温箱中，使材料由无色逐渐变为深玫瑰红色。

⑥ 流水冲洗 10～15min，再用双蒸水洗，以彻底去除多余的 Schiff 试剂，以免污染其他非糖原成分。

⑦ 用 Harris 苏木精复染细胞核 0.5～1min。

⑧ 双蒸水洗。

⑨ 常规脱水、透明、封片。

4. 染色结果

糖原和其他含多糖的结构呈红色或紫红色，对照切片不显紫红色或浅紫红色（为非特异性背景染色）。

5. 注意事项

① Schiff 试剂正确配制是关键，否则不能染色。Schiff 试剂若短暂贮存时应将其置于棕色瓶内，将瓶盛满，不留或少留空间，且用玻璃塞塞紧，以防 SO_2 跑掉。置 4℃冰箱内保存备用，如溶液变棕色，则不可用。

如切片糖原颜色浅，可增加切片在高碘酸及 Schiff 试剂中的时间，但在高碘酸中处理时间不宜过长，高碘酸除了氧化糖类物质外，还可氧化细胞内其他物质，一般氧化时间为 $10 \sim 12 min$。

② 做好对照组。对照组可用淀粉酶代替唾液，即切片用 1% 淀粉酶处理 $30 \sim 60 min$ 后与其他切片共同入高碘酸。对照组也可不用淀粉酶或唾液处理，染色时不经过高碘酸这一步，直接入 Schiff 液，染色结果对照片呈阴性（无紫红沉淀）。

三、糖原胭脂红染色法

1. 反应原理

胭脂红（carmine）是从雌性胭脂红虫的干虫体提取的一种染料，对糖原的显示有一定的特异性（中性糖共轭物也可被弱染）。胭脂红的有效成分为胭脂红酸，其氢离子可与糖分子上的羟基结合。

2. 试剂及其配制

（1）胭脂红基液

胭脂红	2g
碳酸钾	1g
氯化钾	1g
双蒸水	60mL
28%浓氨水（ammonium hydroxide，相对密度 0.88）	20mL

将胭脂红、碳酸钾、氯化钾置入一个 150mL 以上的烧瓶中，加入双蒸水，煮沸，冷却后加入浓氨水，过滤，4℃避光保存备用，可存放 3 个月。

（2）胭脂红工作液

基液	15mL
浓氨水	12.5mL
甲醇	12.5mL

（3）分色液

甲醇	8mL
乙醇	16mL
双蒸水	20mL

3. 操作步骤

（1）取材、固定、制片

同糖原标本制备。

（2）染色

① 切片脱蜡至水，对照片用淀粉糖化酶或唾液消化。

② 细胞核可用铁苏木精或 Ehrlich 苏木精复染。

③ 胭脂红工作液 15～30min（染色时间随贮存液存放时间的延长而适当延长）。

④ 分色液中 5～60s。

⑤ 80％乙醇漂洗。

⑥ 脱水、透明、封片。

4. 染色结果

糖原颗粒呈红色，中性糖共轭物、胶原蛋白呈浅红色，细胞核呈蓝色。

四、阿尔新蓝-PAS 法显示酸性和中性黏多糖物质

黏多糖是含氮的不均一多糖，亦称为黏液物质，是构成细胞间结缔组织的主要成分，也广泛存在于哺乳动物各种细胞内。根据含酸基不同，黏多糖分两大类：

1）中性黏多糖，含氨基己糖及游离己糖基，不含任何酸根，由胃肠道上皮及外分泌腺分泌。其反应基团是乙二醇基、氨羟基，所以 PAS 反应呈阳性。

2）酸性黏多糖含糖醛酸、硫酸等一种或几种酸性基团，它们可与阳离子染料结合而被染色。酸性黏多糖包括硫酸化黏液物质和非硫酸化黏液物质。①硫酸化黏液物质，含有氨基己糖及各种酸根。包括强硫酸化结缔组织黏液物质和弱硫酸化上皮黏液物质。前者含硫酸根葡萄糖醛酸，含有硫酸软骨素、硫酸皮肤素、硫酸角蛋白等，存在于结缔组织、软骨、动脉壁、角膜等处，其反应基团是硫酸根，所以 PAS 反应呈阴性。后者含硫酸根，其反应基团是硫酸根、羧基和乙二醇基，所以 PAS 反应为阳性。见于颌下腺、结肠、气管及支气管的杯状细胞。②非硫酸化黏液物质，含氨基己糖，但不含硫酸根。包括含己糖醛酸结缔组织黏液物质和含唾液酸上皮性黏液物质两类。前者的反应基团是羧基，所以 PAS 反应为阴性。后者反应基团是羧基和乙二醇基，所以 PAS 反应为阳性。

1. 反应原理

阿利新蓝（alcianblue），又称阿尔辛蓝、爱先蓝，属于阳离子染料，是显示酸性黏液物质最特异的染料，它和 PAS 联合使用可鉴别同一组织切片中的中性黏蛋白和酸性黏蛋白。阿利新蓝是铜酞花青染料，由于分子含铜，所以呈蓝色。这种阳离子染料分子中带正电荷的盐键与酸性黏多糖物质中带负电荷的酸性基团结合形成不溶性复合物而呈蓝色，其结合又与 pH 有关，常采用 pH 2.5 和 pH 1.0 的阿利新蓝溶液。pH 2.5 时，含羧基和弱硫酸根的黏液物质染成蓝色，强硫酸化黏液物质不着色或淡染；相反，pH 1.0 时，羧基不能离子化，无法与染料结合而不着色，而硫酸化黏液物质则可与染料结合而呈蓝色。再与 PAS 进行复合染色，就能鉴定中性和酸性黏液物质。

2. 试剂及配制

（1）1％阿利新蓝染液（pH 2.5）。

阿利新蓝	1g
3％冰醋酸	100mL

（2）1％高碘酸

称取 1.0g 高碘酸溶于 100mL 蒸馏水中。

（3）Schiff 试剂

3. 操作步骤

（1）取材、固定、制片

同糖原标本制备。

（2）染色

① 切片脱蜡至水。

② 1％阿利新蓝染液（pH 2.5）染色 10～20min。

③ 双蒸水洗后 1％高碘酸氧化 5min。

④ 双蒸水洗后 Schiff 试剂染色 8min。

⑤ 自来水冲洗 10min。

⑥ 需用时可用 Harris 苏木精复染 1～2min。

⑦ 1％盐酸酒精分化，水洗，蓝化。

⑧ 常规脱水、透明、中性树胶封固。

4. 染色结果

酸性黏液物质呈蓝色，中性黏液物质呈红色。混合性物质呈紫色，如果呈两性反应，说明为非黏液物质。

5. 注意事项

1）染色液不能超过 6 个月。

2）若用 pH 1.0 或 3.2 的染色液时，切片不能经过水洗，而应直接用滤纸吸干，再进行下一步骤。

五、阿利新蓝和阿利新黄法显示不同酸性黏多糖

1. 原理

阿利新黄 GXS 是一种单偶氮染料，pH 2.5 时其水溶液可以和唾液酸黏液物质结合并呈色。阿利新蓝 pH 0.5 时，含硫酸根的黏液物质（硫酸化黏液物质）染成蓝色。

2. 试剂及其配制

（1）阿利新蓝染色液（pH＝0.5）

阿利新蓝	1g
0.2mol/L 盐酸水溶液（pH＝0.5）	100mL

（2）阿利新黄染色液（pH＝2.5）

阿利新黄	1g
蒸馏水	97mL
冰醋酸	3mL
麝香草酚	50mL

3. 操作步骤

（1）取材、固定、制片

同糖原标本制备。

（2）染色

① 切片脱蜡至水。

② 1％阿利新蓝染液（pH 0.5）染色 30～60min。

③ 0.1mol/L 盐酸水溶液稍洗。

④ 双蒸水洗 3 次，每次 1min。

⑤ 置入阿利新黄染色液中，染色 30min。

⑥ 蒸馏水洗 3 次，每次 1min。

⑦ 需用时可用 Harris 苏木精复染 1～2min。

⑧ 1％盐酸酒精分化，水洗，蓝化。

⑨ 常规脱水、透明、中性树胶封固。

4. 染色结果

硫酸化酸性黏液物质呈蓝色，羟基化酸性黏液物质为黄色，硫酸化和羟基化的混合酸性黏液物质部位呈绿色，细胞核为蓝色。

第三节
脂类组织细胞化学方法

脂类（lipid）是不溶于水而溶于非极性溶剂（醇、醚、氯仿、苯）的一类有机化合物，包括中性脂肪、磷脂、类固醇、萜类和糖脂等。因此，制作脂类标本一般不用石蜡切片，而采用冰冻切片或者铺片法保存，固定液多用甲醛类固定液。脂类的组织（细胞）染色常用脂溶性染料，如苏丹黑 B、苏丹Ⅲ、苏丹Ⅳ等，这类染料既能溶于适当浓度的有机溶剂又能溶于脂类物质中，其 β-羟基能进行重排形成醌型结构而显色。

一、脂类固定

由于脂类不溶于水而溶于酒精、乙醚、氯仿和苯等非极性溶剂，因此不能用含这类有机试剂的固定液固定。固定脂类一般采用中性甲醛，含有钙和镉的固定剂效果更佳，尤其有助于磷脂的保存。Ca^{2+} 和 Cd^{2+} 等离子可防止脂类扩散到固定液中，并可使脂类和蛋白质分子形成镶嵌体或网状结构，经此步骤后脂类仍有溶解，只有经 3％重铬酸盐处理，使脂类变性而不再溶于脂溶剂，才能在石蜡包埋的组织中保存下来。然而，由于石蜡切片过程中须经过多次酒精、二甲苯等，故一般显示脂类时不能用常规的石蜡切片方法，常用新鲜组织或固定后冰冻切片。固定液常用甲醛-钙-镉液和 Baker 甲醛钙，配制方法如下：

1. 甲醛-钙-镉液

40％甲醛	10mL
蒸馏水	80mL
10％氯化钙	10mL
氯化镉	1g

2. Baker 甲醛钙

40％甲醛	10mL
蒸馏水	90mL
氯化钙	2g

二、苏丹染料（苏丹黑 B、苏丹Ⅲ、苏丹Ⅳ）显示脂类

1. 反应原理

苏丹染料是一种脂溶性偶氮染料，易溶于乙醇但更易溶于脂肪，所以当含有脂肪的标本

与苏丹染料接触时，苏丹染料即脱离乙醇而溶于该含脂肪结构中从而使其着色。因此，苏丹染料对脂类的显示是一种物理学现象。

2. 试剂

苏丹饱和溶液：

苏丹黑 B（或者苏丹Ⅲ或苏丹Ⅳ）	0.5g
70％酒精	100mL

在温水浴中溶解，使其成饱和溶液，使用之前过滤。

3. 操作步骤

1）组织用甲醛-钙固定，冰冻切片 8~20μm。

2）蒸馏水稍洗后入 Harris 苏木精液中染 1~2min。

3）水洗之后用 0.5％盐酸酒精分色，再水洗，直到细胞核返蓝。

4）蒸馏水洗后移入 70％酒精浸洗。

5）标本在苏丹黑 B（或苏丹Ⅲ或苏丹Ⅳ）中染色 10~20min。

6）在 70％酒精中分色数分钟。

7）蒸馏水中漂洗。

8）空气干燥后甘油明胶封片。

4. 染色结果

用苏丹黑 B 染色，中性脂肪、油、蜡以及游离脂肪酸和磷脂都染成黑至蓝黑色，细胞核蓝色；若是苏丹Ⅲ或苏丹Ⅳ染色，中性脂肪、油以及蜡质染成橙至红色，脂肪酸不着色。

5. 注意事项

1）如用 50％酒精配制苏丹饱和溶液，对脂类的提取作用会更小些，但由于染料的溶解度降低，所以染色时间应延长。

2）苏丹黑 B 染色液配制的时间不能超过 2 周，否则染色效果下降。

三、Lillie 油红 O 染脂类

1. 反应原理

油红 O 是脂溶性染料，既能溶于适当浓度的有机溶剂又能溶于脂类物质中，它含有的 β-羟基进行重排形成醌型结构而显色，油红 O 染色的脂肪比苏丹Ⅲ法染的颜色深，对微小的脂滴易于显示，而且沉淀较少。

2. 染液配制

油红 O	0.5g
98％异丙醇	100mL

临用前取上液 6mL，加蒸馏水 4mL，静放 10min，过滤。注意稀释后的液体只能用数小时，过后即失效。

3. 操作步骤

1）经 10％甲醛溶液固定，冰冻切片 10~20μm。

2）入稀释后的油红 O 染液染 10~15min。

3）用 Mayer 苏木精染细胞核 1min。

4）流水洗 10min。

5）蒸馏水稍洗，吸水纸吸干组织周围水分。

6）甘油明胶封固。

4. 染色结果

中性脂肪、脂肪酸和胆固醇酯呈红色，细胞核蓝色。

四、硫酸尼罗蓝显示酸性与中性脂类

1. 反应原理

硫酸尼罗蓝（nile blue sulfate）在水溶液状态时含噁嗪（oxazine）的游离碱基（红色）、噁嗪酮（oxazinone）的衍生物和尼罗蓝（蓝色）等三种物质。酸性脂类能将噁嗪酮溶解并与其离子结合而形成蓝色的脂溶性化合物。中性脂类能将红色的噁嗪和噁嗪酮溶解而显红色。

2. 试剂

1）硫酸尼罗蓝染液

1%硫酸尼罗蓝水溶液　　　　　　　　　　　100mL

1% H_2SO_4　　　　　　　　　　　　　　　5mL

于 1%硫酸尼罗蓝水溶液 100mL 中，加入 5mL 1% H_2SO_4，回流加热 4h，冷却。染液应 pH 值为 2.0，以便使非脂类物质仅呈极弱反应。

2）0.02%硫酸尼罗蓝水溶液：上述染液 1mL，加双蒸水 49mL。

3）1%乙酸水溶液。

4）苏丹黑 B 染液：于 70%乙醇 100mL 中加入苏丹黑 B 0.5g，加温溶解，待冷却后使用。

5）福尔马林钙溶液：将 2g 乙酸钙溶于 100mL 10%福尔马林中。

6）10%福尔马林磷酸缓冲溶液。

3. 操作步骤

1）组织经福尔马林钙溶液，或者 10%福尔马林磷酸缓冲溶液固定 2～4d，冰冻或恒冷箱切片，贴附于载玻片。或者新鲜组织恒冷箱切片，固定 1h。

2）取 3 张切片 A、B、C 入水。

3）A、B 两切片放入硫酸尼罗蓝染液内，60℃，染 5min。

4）A、B 两切片在 60℃双蒸水洗。

5）在 1%乙酸中 60℃分化 30s（常温下 1～2min）。

6）流水洗。

7）切片 A 用甘油明胶封固。

8）切片 B 在 0.02%硫酸尼罗蓝水溶液，60℃，再染 10～15min；60℃双蒸水洗；在 1%乙酸中 60℃分化 30s；流水洗；切片 B 用甘油明胶封固。

9）切片 C 按苏丹黑 B 染色步骤进行操作。

10）对照切片入氯仿-甲醇（2∶1）溶液内，室温 1h，下行梯度乙醇至 70%各 2min，去除氯仿-甲醇后再入步骤 3）继续。

4. 染色结果

切片 A 与 C 比较，脂质染成蓝色时表示为酸性脂类。切片 B 与 C 比较，脂质染成红色时表示为非酸性脂类，主要是中性脂类。不饱和疏水脂类呈粉红色，游离脂肪酸呈粉红或蓝色，磷脂呈蓝色，对照切片无色。

5. 说明

1）如果切片 B 的染色比 A 深，其着色深的脂质很可能是软脂酸或硬脂酸。

2）本染液一定要预温到 60℃ 再染色。

3）必要时在操作步骤 6）和 7）之间加一个复染，用 1% 甲基绿（氯仿洗过）染 5min，再水洗，核呈浅蓝绿色，对比鲜明。

第四节
核酸组织细胞化学方法

动植物体中存在的核酸分两种类型，即主要分布在细胞核内的脱氧核糖核酸（DNA）和分布在核仁及细胞浆中的核糖体内的核糖核酸（RNA）。两者在许多化学和物理性质上都有所不同，但都可用盐酸将它们从碱性溶液中沉淀出来。核酸水解后，可以得到三种组分（即戊糖、磷酸根和含氮碱基），其中的戊糖部分经稀酸水解后可产生醛基，后者通过与 Schiff 试剂起反应（特异性的 Feulgen 反应），形成紫红色产物。

显示 DNA 和 RNA 常用福尔根法和甲绿派若宁法。

一、核酸固定

核酸包括脱氧核糖核酸（DNA）和核糖核酸（RNA），它们均有四种核苷酸经排列而成，而单核苷酸又由磷酸、戊糖（脱氧核糖或核糖）和不同的碱基构成。大多数固定液都能改变核酸的化学反应性质，从而使酸性和碱性染料对核酸的着色能力明显下降。只有凝固性固定剂（如乙醇和乙酸等）能有效保存核酸，其中 Carnoy 固定液最为常用。但是，如果在酸性固定液中固定过久，会发生核糖核酸继而脱氧核糖核酸被抽提出来，因此，组织标本在 Carnoy 液中的固定时间不宜过长，而 Bouin 液由于会使核酸过度水解，故不宜使用。Carnoy 配方见多糖固定部分。

二、孚尔根（Feulgen）反应显示 DNA

1. 反应原理

当用酸水解，脱氧核糖核酸和嘌呤碱之间的连接按键会释放醛基，后者使 Schiff 试剂中的无色品红转变为紫红色色素沉淀，从而显示 DNA。

2. 试剂

（1）1mol/L HCl

浓 HCl	8.5mL
双蒸水	91.5mL

（2）亚硫酸盐溶液

10% 偏重亚硫酸钾（钠）	5mL
1mol/L HCl	5mL

双蒸水   90mL

（3）Schiff 试剂

见显示多糖的高碘酸-Schiff 反应（PAS 反应）。

Schiff 试剂的 pH 值影响染色结果，pH 3.0～4.3 时 Feulgen 反应染色效果最好。

3. 操作步骤

1）新鲜组织在 Carnoy 液或甲醛-钙液固定液（不可用 Bouin 液）中固定 3～12h（4℃）。

2）常规石蜡切片或冰冻切片。

3）切片脱蜡至水。

4）入 1mol/L HCl 浸洗 1min（室温）。

5）入预热至 60℃的 1mol/L HCl 中水解 8～10min。

6）入 1mol/L HCl 中 1min（室温）。

7）入 Schiff 试剂中，置暗处室温 30～60min。

8）亚硫酸盐溶液洗 3 次，每次 1min。

9）双蒸水浸洗。

10）脱水、透明、封固。

4. 染色结果

核内 DNA 显紫红色沉淀。

5. 注意事项

1）实验需设阴性对照，盐酸水解［步骤 5）］改为常温 15min，或用蒸馏水代替 1mol/L 盐酸，其他步骤相同。或用 DNA 酶先处理切片，再进行染色。

2）保证盐酸水解 DNA 形成醛基的时间和温度。不同固定剂用不同时间，如 Carnoy 8min，Genker 5min，Susa 18min。

3）Schiff 试剂要纯净有效。Schiff 试剂在贮存中，SO_2 会丢失，pH 会发生改变，从而影响染色效果。

6. 应用

1）肿瘤细胞具有高增生的 DNA 含量，此法可鉴别并协助诊断肿瘤的良恶性。

2）细胞及原代培养细胞 DNA 分子的检测与鉴定。

三、甲基绿-派若宁法显示核酸

1. 反应原理

甲基绿和派洛宁都是碱性染料，能分别染出两种核酸（DNA 和 RNA），它们能分别于细胞内的 DNA 和 RNA 选择性结合而呈现不同颜色。甲基绿和染色质中的 DNA 结合而显示绿色，派洛宁和核仁、细胞质中的 RNA 结合而显示红色。原因可能是两种染料的竞争作用。由于两种核酸分子都是多聚体，但大小不同。甲基绿易与聚合程度高的 DNA 结合，而派洛宁则与聚合程度低的 RNA 聚合。

2. 试剂

甲基绿-派洛宁母液：

甲基绿   0.2g

0.2mol/L 乙酸缓冲液（pH 4.8）   100mL

派洛宁　　　　　　　　　　　　　　　　　　　0.25g

由于商品甲基绿不纯，常含有甲基紫，故甲基绿溶解于乙酸后，加入等量氯仿，在分液漏斗中洗涤 3～5 次，直至氯仿中不再有紫色为止，去掉氯仿，再加入派洛宁，溶解完后为母液。

3. 制片步骤

1）切片脱蜡至水。

2）将甲基绿-派洛宁混合液（用前将母液稀释 4 倍）滴 1～3 滴于切片上，染色 10～20min。

3）用水洗去浮色（必须迅速，否则染色会脱掉），用纱布或吸水纸洗去残余的水分。

4）纯丙酮分色 30s，取出吸干。

5）1/2 丙酮 1 份＋1/2 二甲苯，处理 1min。

6）丙酮 1 份＋二甲苯 9 份，处理 30d。

7）二甲苯透明。

8）树胶封片。

4. 染色结果

细胞核 DNA 呈绿色至蓝绿色，核仁和细胞质 RNA 呈粉红色。

5. 注意事项

严格控制乙酸缓冲液的 pH 在 4.7～5.2，才能正确显示颜色。

四、吖啶橙荧光染色法显示核酸

1. 反应原理

吖啶橙（acridine orange，AO）可形成单价化合物，也可成为双价或三价化合物，单价时呈绿色荧光，而双价时为红色荧光。吖啶橙可对细胞中的 DNA 和 RNA 同时染色而显示不同颜色的荧光，其激发峰为 492nm，荧光发射峰为 530nm（DNA）、640nm（RNA），它与双链 DNA 的结合方式是嵌入双链之间，而与单链 DNA 和 RNA 则由静电吸引堆积在其磷酸根上。在蓝光（502nm）激发下，细胞核发亮绿色荧光（约 530nm），核仁和细胞质 RNA 发橘红色荧光（＞580nm）。吖啶橙的阳离子也可以结合在蛋白质、多糖和膜上而发荧光，但细胞固定阻抑了这种结合，从而主要显示 DNA、RNA 两种核酸。

吖啶橙荧光反应会随 pH 的改变而变化，如正染色时为绿色，当 pH 下降后，则转变为异染色而成为红色，pH 6.0 时，吖啶橙易与 DNA 结合，形成黄绿色荧光，当 pH 3.8 时，这种结合能力下降。而 pH 6.0 或 3.8 时，吖啶橙均易与 RNA 结合，形成红色荧光。另外，变性的 DNA 也会被染成红色荧光。

2. 试剂

1）染色液　0.01％吖啶橙缓冲液。

① 0.1％吖啶橙缓冲液原液

吖啶橙　　　　　　　　　　　　　　　　　　　0.1g

0.1mol/L 磷酸缓冲液（pH 6.0 或 3.8）　　　　　100mL

此原液保存于冰箱内备用。

② 0.01％吖啶橙缓冲液工作液（临用前配制）

原液　　　　　　　　　　　　　　　　　　　　1mL

| 磷酸缓冲液（pH 4.8） | 9mL |

2）0.1mol/L 磷酸缓冲液（pH 6.0 或 3.8）。

3）0.1mol/L 氯化钙

| 氯化钙 | 11.1g |
| 双蒸水 | 1000mL |

4）1％乙酸。

3. 操作步骤

1）组织块用 Carnoy 液或 95％酒精常规固定，石蜡包埋，切片脱蜡至水，新鲜细胞涂片或其他标本速入 95％酒精固定 10～15min，干燥。

2）1％乙酸酸化 30s。

3）0.01％吖啶橙缓冲液染色 5～10min。

4）0.1mol/L 磷酸缓冲液（pH 4.8）洗 1min。

5）0.1mol/L 氯化钙分化 30s 或几分钟，水洗，随时在荧光显微镜下观察，DNA 和 RNA 显示清楚为止。

6）0.1mol/L 磷酸缓冲液洗 3 次，每次数秒。

7）用 0.1mol/L 磷酸缓冲液临时封固，可湿保存。

4. 染色结果

细胞核的 DNA 呈亮绿色→黄绿色荧光，细胞质和核仁的 RNA 呈橘红色荧光。癌细胞的 DNA 呈亮黄色荧光，RNA 呈火红色荧光。

5. 注意事项

1）勿用甲醛、Bouin 液或含重金属的固定液固定标本。

2）当用氯化钙分化而显出两种颜色时应随时在镜下观察到合适为止。

3）用这种染色方法观察到细胞质内呈现橘红色荧光，说明有 RNA。若要进一步证实，可用核糖核酸酶处理，再观察橘红色荧光是否消失。

4）部分多糖也被染成红色，如肥大细胞颗粒和软骨基质，应注意鉴别。

第五节

酶组织细胞化学方法

一、酶的概念及特性

1. 酶的概念

酶是由活细胞产生的一类以蛋白质为主要成分的生物催化剂。已知酶的种类有上千种。酶的分类采用 1961 年国际酶学委员会（IEC）制订的分类法，按该法每种酶由四个数字表示，数字间用“.”号隔开，第一个数字表示类别，第二个数字为亚类，第三个数字为亚亚类，第四个为序数，能表明酶促反应的底物、产物、辅酶和性质。如 EC.1.1.1.37 是指苹果酸脱氢酶，即表示该酶属于第一大类、第一亚类、第一亚亚类，其酶的特定编号为 37。按照酶促反应的性质，酶学会共将酶分为六大类。分别由编号 1、2、3、4、5、6 表示。

（1）氧化还原酶类（oxidoreductases）

指催化底物进行氧化还原反应的酶类。例如乳酸脱氢酶、琥珀酸脱氢酶、细胞色素氧化酶、过氧化氢酶等。

（2）转移酶类（transferases）

指催化底物之间进行某些基团的转移或交换的酶类。如转甲基酶、转氨酶、己糖激酶、磷酸化酶等。

（3）水解酶类（hydrolases）

指催化底物发生水解反应的酶类。例如淀粉酶、蛋白酶、脂肪酶、磷酸酶等。

（4）裂解酶类（lyases）

指催化一个底物分解为两个化合物或两个化合物合成为一个化合物的酶类。例如柠檬酸合成酶、醛缩酶等。

（5）异构酶类（isomerases）

指催化各种同分异构体之间相互转化的酶类。例如磷酸丙糖异构酶、消旋酶等。

（6）合成酶类（连接酶类，ligases）

指催化两分子底物合成为一分子化合物，同时还必须偶联有 ATP 的磷酸键断裂的酶类。例如谷氨酰胺合成酶、氨基酸-tRNA 连接酶等。

2. 酶的特性

酶除了一般催化剂的特征外，还具有以下特点：酶蛋白是大分子，一般催化剂为小分子；酶反应具有高效性，比一般催化剂高 $10^6 \sim 10^{14}$ 倍；酶反应的条件温和，一般在中性和常温下即可反应；酶对底物具有高度的专一性；酶分子结构具有多样性，其活性受多种因素影响。

3. 影响酶促反应的因素

（1）酶浓度

酶促反应一般是可逆的，其反应速度受底物浓度和产物浓度的制约，当底物浓度远大于酶浓度时，酶促反应速度与酶浓度成正比。

（2）底物浓度

当底物浓度较低时，随着底物浓度的增加，反应速度急剧增加，反应速度与底物浓度成正比。当底物浓度达到一定程度时，再增加其浓度，则反应速度随之增加程度缓慢增加，此时反应速度不再与底物浓度成正比，随着底物浓度继续增加，最后反应速度趋于恒定，不再随底物浓度增加而增大，此时底物浓度达到饱和。

（3）激活剂和抑制剂

激活剂是指能提高酶活性的物质。主要有三类：①无机离子，分为阳离子和阴离子，如 K^+、Na^+、Mg^{2+}、Zn^{2+}、Ca^{2+} 等。②小分子有机化合物。③蛋白质性质的大分子，一些蛋白质和某种酶结合后可提高酶的活性，某些蛋白质还可使无活性的酶原转变为有活性的酶。

抑制剂是指能降低酶活性或使酶活性完全丧失的物质。根据抑制剂对酶的抑制作用不同，可分为可逆性抑制剂和不可逆性抑制剂。

（4）pH 对酶促反应速度的影响

酶通常在一定的 pH 范围内才有活性。酶活性最高时的 pH 称为最适 pH。但是，酶的最适 pH 有时随其他因素（如底物或温度）而改变。

测定酶活性时，需选择适当的缓冲液以维持 pH 恒定。

（5）温度对酶促反应的影响

在一定温度范围内，酶促反应的速度随温度升高而加快。当温度升高到一定限度时，酶促反应速度不仅不再加快反而随着温度的升高而下降。在一定条件下，某种酶在某温度时活力最大，这个温度称为该种酶的最适温度。

二、酶的固定

1. 酶组织化学特点

酶组织化学是通过检测酶催化产生的产物的位置和量来对酶进行定位和活性检测。因此酶组织化学的基本要求是在实验过程中，尽可能地保存酶的活性，使其不受或少受影响，使酶和酶反应的产物，不产生扩散性移位，同时也能保持良好的细胞形态和精细结构。而制片过程中既要保存完好的组织结构，又必须最大限度保存酶的活性，这两者往往互相矛盾，大部分对组织结构具有保存作用的固定剂，对酶活性却有破坏作用。而且酶的活性容易受温度、pH、抑制剂等多种因素的影响，加之酶的种类繁多，不同的酶所需的固定剂、固定时间、固定方式，有不同的要求，所以相对其他成分，酶的保存更为困难。对酶的组织（细胞）化学标本的处理，材料尽可能新鲜，并尽快做冰冻切片和组织（细胞）化学染色，然后再进行组织细胞的固定。未固定的材料虽然能很好地保持活性，但孵育过程中，酶和反应产物容易扩散、移位，因此在冰冻切片之前最好固定。固定时尽可能采用低温快速固定法。

在酶组织化学方法显示酶时，对照片具有重要的作用。由于酶在作用底物时，可引起假阴性或假阳性的结果。对照片的化学染色，要与实验片同时进行，作为阴性对照片，可将对照片在 60℃ 中处理 1h，或用特殊化学方法来抑制或破坏酶的活性；也可将对照片置于无底物的反应混合液内，进行孵育。若阴性对照和试验片均有阳性反应，表明阳性反应不是酶的作用，可能属于假阳性。如有可能也必须做阳性对照片，取已知存在该酶的组织进行同步处理，以消除假阴性的可能。

2. 酶组织化学常用的固定剂

酶组织化学所使用的固定剂是醛系列固定剂，其中甲醛和戊二醛最常用。如中性甲醛和 Baker 甲醛钙在低温（4℃）既能保存组织（细胞）的形态结构，也能保存水解酶类的活性。

（1）甲醛

甲醛是一种气体，溶于水。商品试剂福尔马林（formalin）为 $37\% \sim 40\%$ 的甲醛水溶液。通常用 10% 福尔马林或 4% 的甲醛。甲醛的固定作用特点是分子量小、渗透快，固定迅速，甲醛可与蛋白质多肽链的氨基酸侧链上的功能基团，特别是氨基、亚氨基、酰氨基、羟基和硫氢基原子相结合，在多肽分子间形成甲基桥（—CH_2—），使蛋白质不在发生改变，而达到固定的目的。甲醛虽然能与多种功能基团相结合，但经水洗仍可发生可逆性变化，因此，能使许多酶的活性得以保存。

甲醛中含有少量甲醇，放置一定时间后甲醛易氧化产生甲酸，甲醛在水溶液中易聚合，保存时间过长，可出现多聚甲醛白色沉淀，从而破坏细胞的形态结构和酶活性。当使用甲醛作固定剂时，多向其中加足量碳酸钙，强力振荡使其中和，经 24h，取上清液，经过滤，则为中性甲醛水溶液，或用 pH $7.0 \sim 7.2$ 的缓冲液配制成中性甲醛。常用的甲醛固定液配方如下：

① 甲醛钙中性固定液（Barka）

中性甲醛（原液）	10.0mL
10％氯化钙	10.0mL
蒸馏水	80.0mL

固定时间：2～4h；温度：0～4℃。

② 甲醛中性固定液（Lillie）

甲醛原液	10.0mL
蒸馏水	90.0mL
加碳酸钙或碳酸镁	至饱和

充分振荡，24h 后取上清过滤，一般 pH 值在 6.5～7.5；固定时间 10min～2h 为佳，温度 0～4℃。

③ 甲醛磷酸缓冲液固定液溶液（Lillie）

甲醛原液	10.0mL
蒸馏水	90.0mL
磷酸二氢钠（$NaH_2PO_4 \cdot H_2O$）	400mg
磷酸氢二钠（$Na_2HPO_4 \cdot H_2O$）	600mg

pH 值：7.2～7.4；固定时间：15min～24h；温度 0～4℃。

注意：甲醛固定液最好在临用前配制，固定前将其放入冰箱内预冷，使用温度为 0～4℃。

浸透时间以 10～90min 为宜，最长不要超过 24h，时间过长易造成酶活性降低。具体时间应根据材料的性质，如：实质器官时间稍长，中空性器官可缩短时间。一般酶的活性下降与固定时间的延长成正比。如琥珀酸脱氢酶固定时间在 5～15min 对酶的显示效果好，延长固定时间对水解酶类影响较小。

（2）戊二醛

戊二醛的使用浓度通常为 1.5％～3％水溶液或更低，也可配制 2.5％～4％的磷酸缓冲液，pH 值为 7.2～7.4，固定时间 15min～4h，不宜过长。戊二醛固定的优点是对组织细胞微细结构保存好，缺点是对酶活性的保存不如甲醛，渗透力慢，故组织块不能过大（一般不超过 1mm×5mm×5mm）。戊二醛对脂类无固定作用，在电镜下反差较差，通常要用锇酸进行二次固定。戊二醛对细胞的渗透影响极小，因此对配制固定液所用缓冲液的渗透压要求较高，条件严格，固定效果和缓冲液的规格质量有很大关系。戊二醛常用固定液配方如下：

① 1.2％戊二醛磷酸缓冲固定液

2.26％ $NaH_2PO_4 \cdot H_2O$ 水溶液	64mL
戊二醛水溶液	8mL
用 2.52％ NaOH 水溶液调节至所需 pH	
加双蒸水至	100mL

固定时间 1～60min，温度 0～4℃。pH 值 7.2。

② 各浓度戊二醛磷酸缓冲液的配制（见表 3-1）。

表 3-1　不同浓度戊二醛磷酸缓冲液的配制

种类/mL	戊二醛浓度						
	1.0％	1.5％	2.0％	2.5％	3.0％	4.0％	5.0％
0.2mol/L磷酸缓冲液	50	50	50	50	50	50	50
25％戊二醛水溶液	4	6	8	10	12	16	20
加蒸馏水	46	44	42	40	38	34	30

固定时间 1~60min，温度 0~4℃。pH 值 7.4~7.6。配制时，加入戊二醛，pH 值可稍下降，可用缓冲液调整。

③ 0.1mol/L 戊二醛-多聚甲醛混合缓冲固定液（Karnovsky）

0.2mol/L 磷酸（或二甲胂酸）缓冲液（pH 7.2~7.4）	50mL
25％戊二醛	10mL
10％多聚甲醛水溶液	20mL
双蒸馏水	20mL
无水氯化钙	50mg

此混合液由 2.5％戊二醛和 2％多聚甲醛组成，缓冲液浓度为 0.1mol/L。固定时间 30min~12h，温度 0~4℃。pH 值 7.2~7.4。此固定液也多用于免疫酶组织化学。

3. 丙酮

丙酮（CH_3COCH_3）为无色极易挥发、易燃的液体，用作固定剂和脱水剂，渗透力很强，使蛋白质沉淀凝固，不影响蛋白质的反应功能基团，因而可以保存酶的活性，特别是固定磷酸酶和氧化酶效果较好。但由于渗透力强，固定作用快，组织细胞易收缩，保持细胞结构不佳。为防止过度收缩，一般固定常用 60％~80％丙酮，固定时间为 30~60min，温度 0~4℃，在恒冷箱切片后固定于冷丙酮内（-40~-60℃），1min 为佳。也可以将丙酮和甲醛混合配制成固定液，应用于酶组织化学实验。

0.1mol/L 丙酮-甲醛磷酸缓冲固定液：

纯丙酮	22.5mL
0.1mol/L 磷酸盐缓冲液	22.5mL
甲醛原液	5mL

用前配制，在 0~4℃冰箱预冷，pH 值 7.2~7.4，可固定 30min~2h，此固定液能减轻组织细胞的收缩和硬化，效果好于单一固定液。

三、常见酶的组织（细胞）化学方法

（一）水解酶

1. 碱性磷酸酶

碱性磷酸酶（alkaline phosphatase，ALP 或 AKP）为一类磷酸酯酶，在碱性环境下（pH 9.2~9.8）催化各种醇和酚的磷酸酯水解，参与磷酸根的跨膜转运过程，并有磷酸转移的作用，故此酶存在于物质交换活跃之处，如毛细血管内皮细胞、肾近曲小管的刷状缘、肠上皮的纹状缘和神经细胞的突触膜等，肝内毛细胆管也偶有活性显示。此外，在细胞的内质网、高尔基复合体、肠上皮的溶酶体以及细胞质亦可出现阳性颗粒。

显示 ALP 有钙钴法和偶氮偶联法。

（1）钙钴法

1）反应原理　ALP 在有激活剂（Mg^{2+}）存在和 pH 9.4 时将其磷酸盐底物（如 β-甘油磷酸钠、α-苯酚磷酸钠）分解产生磷酸离子，立即与钙离子作用生成磷酸钙沉淀，加入硝酸钴后，Co^{2+} 置换 Ca^{2+}，从而生成磷酸钴沉淀，以便通过硫化铵处理，形成可在镜下观察的棕黑色硫化钴颗粒沉淀。此沉淀与 ALP 的活性成正比。

$$R—Pi \xrightarrow{AKP} R—OH + H_3PO_4 \xrightarrow{Ca^{2+}} Ca_3(PO_4)_2 \downarrow \xrightarrow{Co^{2+}} Co_3(PO_4)_2 \xrightarrow{(NH_4)_2S} CoS$$

2）所需溶液

① 孵育液

3% β-甘油磷酸钠	10mL
2%巴比妥钠	10mL
2%氯化钙（2.7%CaCl₂·2H₂O）	20mL
5%硫酸镁（MgSO₄·7H₂O）	5mL
双蒸水	5mL

调此液 pH 至 9.4，可冰箱保存。

② 2%硝酸钴［$Co(NO_3)_2$］。

③ 1%硫化铵（$(NH_4)_2S$，新配）。

3）制片和染色步骤

① 石蜡切片脱蜡至水，或冰冻切片经或不经 10%福尔马林固定 15min。

② 入孵育液，冰冻切片 37℃ 10～40min（肾组织 10min，肝组织 60min），石蜡切片 2～12h。

③ 流水冲洗 5min。

④ 2% $Co(NO_3)_2$ 5min（37℃）。

⑤ 双蒸水洗。

⑥ 1%（$NH_4)_2S$ 1～2min。

⑦ 流水洗 10min 后入双蒸水洗。

⑧ 冰冻切片用甘油明胶封片，石蜡切片脱水、透明、树胶封片。

4）对照方法有两种

① 孵育液中去除 β-甘油磷酸钠，结果为阴性。

② 切片进入孵育液之前，可先经碘及 5%硫代硫酸钠溶液各 3min，碘可抑制酶的活性，充分水洗后再进行孵育等步骤。

5）染色结果 ALP 活性的最终反应产物为棕黑色硫化钴沉淀。

6）说明 钙钴法因其化学反应多次转换，容易造成定位不精确。石蜡切片虽然亦能显示 ALP 活性，但经石蜡包埋处理（包括酒精、二甲苯、高温等），致使部分酶活性丧失。

（2）重氮偶联法显示 ALP

1）反应原理 α-苯酚磷酸钠或萘酚 AS-BI 磷酸被酶水解放出萘酚，后者立即被重氮盐（固蓝 RR）偶联而生成不溶性有色偶氮色素沉淀。因动物体内无萘酚，所以不存在假阳性。相对钙钴法，该方法简便、定位较好，不易扩展。

2）所需溶液

① 基液

萘酚 AS-BI 磷酸	25mg
二甲基甲酰胺	10mL
双蒸水	10mL
1mol/L 碳酸钠	2～3 滴

用 1mol/L Na_2CO_3 调 pH 至 8.0，加双蒸水至 300mL，再加 0.2mol/L Tris-HCl 缓冲液（pH 8.3）180mL，配成后溶液呈淡乳白色，因较为稳定，可在冰箱内保存数月。二甲基甲酰胺有促使萘酚 AS 类衍生物溶解的作用。

② 孵育液

基液	10mL
固红 TR（fastred TR）	10mL

充分振荡溶解后过滤，立即使用。

③ 2%甲绿。

3）染色步骤

① 石蜡切片或冰冻切片皆可，冰冻切片后可用福尔马林钙固定切片 5～10min（或氯仿丙酮等量混合液中 2～5min），石蜡切片脱蜡至水。

② 入孵育液，冰冻切片在室温或 37℃下 6～30min，石蜡切片可延长孵育时间至 12h。

③ 双蒸水洗。

④ 明胶封片。

4）对照　在孵育液中用双蒸水代替底物 α-苯酚磷酸钠或萘酚 AS-BI 磷酸，结果为阴性。

5）染色结果　酶活性处显红棕色。

6）说明

重氮盐也可以用坚牢蓝 RR，坚牢红 RC，坚牢红 TR，坚牢紫 B 等。用坚牢蓝 B（或 BB，RR）酶活性呈黑色，用坚牢蓝 VB，酶活性呈浅黑褐色；用坚牢蓝 TR，酶活性呈褐色。

重氮盐不稳定，在高温及碱性条件下尤其不稳定，因此，反应液 pH 不宜过高。同时，pH 值上升还会引起底物的自然分解，故反应 pH 在 8.5 为宜。

2. 酸性磷酸酶

酸性磷酸酶（acid phosphatase，ACP）是一种在酸性条件下催化磷酸单酯水解生成无机磷酸的水解酶。人血清酸性磷酸酶的适宜 pH 为 4.5～5.5，最适作用温度 37℃。主要位于细胞内的溶酶体内，是溶酶体的标志酶。

此外，尚有非溶酶体性 ACP。在组织器官中，ACP 以前列腺中的活性为最强，其次是肾、肝、脾、白细胞和红细胞，血清中也有活性存在。在肝内，以微胆管旁活性最强，门管附近比中央区更强些，枯否氏细胞呈强阳性，小叶间胆管和小叶间血管有弱阳性反应。在肾小管细胞，特别在其核两侧可见到阳性反应。ACP 在细胞蜕变过程中活性增强，在核酸和蛋白质代谢活动增加时，亦见 ACP 活性增强。ACP 也参与脂类代谢。在神经传导冲动时，ACP 参与 Ca^{2+} 依赖的神经递质释放过程。总之，在疾病、免疫反应和细胞损伤与修复过程中 ACP 均具有一定的生物学意义。

显示 ACP 有铅法和重氮偶联法。

（1）铅法

1）反应原理　在 pH 值为 5.0 的条件下，ACP 水解其底物 β-甘油磷酸钠，产生 PO_4^{3-}，后者被捕获剂 $Pb(NO_3)_2$ 的 Pb^{2+} 直接捕获形成无色的 $Pb_3(PO_4)_2$ 沉淀，后者又与 $(NH_4)_2S$ 发生置换反应，最终形成棕黑色 PbS 沉淀。

$$R-Pi \xrightarrow{ACP} R-OH+H_3PO_4 \xrightarrow{Pb(NO_3)_2} Pb_3(PO_4)_2 \downarrow \xrightarrow{(NH_4)_2S} PbS$$

2）所需溶液

① 孵育液

0.1mol/L 乙酸缓冲液（pH 5.0）	15mL
0.24%硝酸铅 $Pb(NO_3)_2$	15mL

3％ β-甘油磷酸钠　　　　　　　　　　　　　　　　　　　　3mL

混匀，置 37℃ 水浴中 15～30min，过滤。

② 冷的 10％福尔马林钙。

③ 1％硫化铵。

3）染色步骤

① 石蜡切片脱蜡至水；冰冻切片用冷 10％福尔马林钙固定 10min 后双蒸水洗 2 次，各 8min。

② 入孵育液 2～4h（肝组织 1h 左右），37℃。

③ 双蒸水洗 3 次，各 3min。

④ 入 1％硫化铵（新配）溶液内 1～2min。

⑤ 流水洗 3～5min 后换双蒸水。

⑥ 冰冻切片用甘油明胶封片，石蜡切片经脱水、透明后用中性树胶封片。

4）对照　在孵育液内加入 0.01mol/L 氟化钠（NaF）抑制剂后，ACP 反应呈阴性。

5）染色结果　ACP 呈棕黑色硫化铅沉淀。

6）说明　ACP 是可溶性酶，以冷固定后结果比较满意。

（2）重氮偶联法

1）反应原理　与 ALP 的相同。

2）所需溶液

① 孵育液

0.1mol/L 乙酸缓冲液（pH 5.0）　　　　　　　　　　　　　　10mL

α-萘基磷酸钠　　　　　　　　　　　　　　　　　　　　　　1mg

固酱紫 GBC　　　　　　　　　　　　　　　　　　　　　　10mg

将 α-萘基磷酸钠充分溶解于缓冲液内，再加入固酱紫 GBC，若出现少量沉淀，可用滤纸过滤并即刻使用。

② 冷的 10％福尔马林钙。

3）染色步骤

① 冰冻切片，或冷 10％福尔马林钙固定的冰冻切片水洗后。

② 入孵育液，室温 10～60min（未固定），或 60～120min（固定后）；肝 50min，肾、小肠 2min。

③ 水洗数次。

④ 甘油明胶封片。

4）染色结果　酶活性处呈红色。

3. 葡萄糖-6-磷酸酶

葡萄糖-6-磷酸酶（glucose-6-phosphatase，G-6-P）主要位于内质网，特别是粗面内质网内，为内质网的标志酶。此酶也有少量存在于高尔基复合体内，器官以肝、肾、肠黏膜、精囊腺和前列腺中此酶活性最强。光镜下，肝细胞的细胞质染色反应比较均匀，酶活性在肝小叶周围带的肝细胞更强于中央带的肝细胞。

G-6-P 是糖代谢关键酶，具有一定的特异性，能水解葡萄糖-6-磷酸而释放出葡萄糖和磷酸，但不能水解葡萄糖-1-磷酸。pH 6 时活性最强，pH 8 最稳定，pH 5 变性，组织化学反应则用 6.5～6.7，该酶对固定很敏感，组织经 80％乙酸溶液固定后，用石蜡包埋，该酶被完全抑制，经冷甲醛固定而失活，一般不固定。

显示 G-6-P 的方法为铅法。

（1）反应原理

G-6-P 水解其底物——葡萄糖-6-磷酸盐产生葡萄糖和磷酸基，后者被捕获剂 $Pb(NO_3)_2$ 的 Pb^{2+} 所捕获形成磷酸铅，磷酸铅再与 $(NH_4)_2S$ 起反应产生棕黑色硫化铅颗粒沉淀。

（2）所需溶液

① 冷的 10％福尔马林。

② 孵育液

0.2mol/L Tris-maleate（马来酸）缓冲液（pH 6.7）	4.0mL
双蒸水	1.4mL
0.125％ G-6-P-钾或钠	4.0mL
2％ $Pb(NO_3)_2$	0.6mL

临用前配制，逐项加入，充分混合。

（3）染色步骤

① 冰冻切片（10～15μm）或经冷的 10％福尔马林固定 5min 后的冰冻切片双蒸水洗。

② 入孵育液，37℃孵育 5～20min（或在室温下适当延长孵育时间）。

③ 双蒸水轻轻漂洗后，1％ $(NH_4)_2S$ 1min。

④ 10％中性福尔马林固定 10min（也可不固定）。

⑤ 双蒸水洗后甘油明胶封固。

（4）对照（可用下列方法之一）

① 除去孵育液中的底物。

② 切片孵育前经酶抑制剂 0.01mol/L 氟化钠处理。

③ 用 β-甘油磷酸钠代替 G-6-P-钾或钠。

（5）染色结果

棕黑色硫化铅沉淀处为酶活性所在部位。光镜下 G-6-P 酶反应产物较均匀分布于细胞质中。

（6）说明

为防止染色过程中组织切片易于脱落的情况发生，载玻片应作相应处理以去除油污。同时，孵育时间不宜过长。有时组织切片也可经冷福尔马林固定几分钟，但切不可时间过长，以免引起酶活性减弱或丧失。

4. 三磷酸腺苷酶

三磷酸腺苷酶（adenosine triphosphatase，ATPase），又称三磷酸腺苷（adenosine triphoshate，ATP）、磷酸水解酶、腺苷焦磷酸酶或腺苷三磷酸酶。ATPase 能分解 ATP 形成二磷酸腺苷（ADP）和磷酸。ATPase 在不同部位具有不同功能表现，其激活剂也有所不同。根据所在部位，主要有以下几种：

① 生物膜 ATPase　含有 Mg^{2+} 激活的 ATPase 和 Na^+、K^+ 激活的 ATPase，其功能是参与主动运输的离子泵的作用，故细胞膜呈强阳性。在肝内微胆管上显示的活性最强，ATPase 可作为肝细胞早期受损的敏感指标。此外，在近曲小管刷状缘、远曲小管基部纵纹、毛细血管、心肌和骨骼肌均显阳性。适宜 pH 7.2～7.5。抑制剂：乌本苷、根皮苷和 Ca^{2+}。显示方法：铅法。

② 线粒体 ATPase　位于线粒体膜上，肝细胞内存在着 Ca^{2+} 或 Mg^{2+} 激活的 ATPase，

而心肌细胞内只有 Mg^{2+} 激活的 ATPase。线粒体 ATPase 对固定敏感而不能耐受，故显示线粒体 ATPase 需控制固定时间。适宜 pH 7.2。抑制剂：N-乙基马来酰亚胺、对氯汞基苯甲盐（PCMB）。

③ 肌球蛋白 ATPase　位于肌纤维的肌丝上，最适 pH 为 9.4，为 Ca^{2+} 所激活，Mg^{2+} 抑制，当分解 ATP 时产生能量，供肌肉收缩所用。该酶活性在心肌中最高，其次为骨骼肌、肺、肝、肾、脑和胰。

三磷酸腺苷酶使 ATP 分解产生 ADP，释放出磷酸基。在酸性情况下磷酸基与铅离子起反应形成磷酸铅，磷酸铅再与硫化铵发生置换反应，在酸性 ATP 酶存在处产生棕黑色铅沉淀；在碱性情况下，磷酸基与钙离子起反应形成磷酸钙，因其无色，故又需与钴离子起反应，形成磷酸钴，后者再与硫化铵发生置换反应，在碱性 ATP 酶存在处，形成黑色硫化钴沉淀，在中性条件下显示中性 ATP 酶。醛类固定剂损坏酶的活性，冰冻切片效果最好。

（1）Mg^{2+} 激活的三磷酸腺苷酶——铅法

1）反应原理　ATPase 能水解 ATP 内磷酸之间的高能磷酸键，从而释放出大量能量和磷酸离子，后者被铅离子捕获，然后通过形成硫化铅沉淀而显色，其基本原理同 ALP。ATPase（Mg^{2+} 激活者）合适 pH 为 7.2。

$$A-P\sim P\sim P+H_2O \longrightarrow A-P\sim P+H_3PO_4+能量$$

2）试剂

① 孵育液

ATP 钠盐	5.0mg
0.2mol/L Tris-maleate 缓冲液（pH 7.2）	4.0mL
2% $Pb(NO_3)_2$	0.6mL
0.1mol/L $MgSO_4$	1.0mL
双蒸水	4.4mL

配制时先将 ATP 钠盐溶入 Tris 缓冲液中，再逐滴加入 $Pb(NO_3)_2$，边加边搅拌，再加入 $MgSO_4$，使充分混合至澄清溶液，若不澄清则过滤。

② 0.2mol/LTris 缓冲液（pH 7.2）

甲液：

Tris	2.47g
顺丁烯二酸	2.32g
双蒸水	100mL

乙液：NaOH 0.8g，加双蒸水至 100mL。

甲液 50mL 加乙液 55mL，再加双蒸水至 200mL 即为 0.2mol/L Tris 缓冲液（pH 7.2）。

3）操作步骤

① 冰冻切片或冷的 10% 福尔马林液固定 10～20min 的冰冻切片，双蒸水洗 2 次，各 3min。

② 入孵育液，37℃，30～60min（肝组织 45min）。

③ 双蒸水洗 3 次，各 3min。

④ 入 1% $(NH_4)_2S$ 显色 1min。

⑤ 自来水冲洗后甘油明胶封片。

4）对照

① 孵育液中去除底物，染色反应呈阴性。

② 以 β-甘油磷酸钠取代孵育液中的 ATP 钠盐，显示的染色反应为 ALP 的定位。与

ATP 孵育的标本进行比较，两者反应相同部位可能有非特异性磷酸（单酯）酶存在，两者不同部位才是 ATP 酶活性所在。

5）染色结果 酶活性处呈棕黑色硫化铅沉淀。此法可显示线粒体和细胞膜处的 ATP 酶活性。

6）说明

① 此法显示 ATPase 时，Pb^{2+} 浓度是关键，若过高会抑制酶的活性。

② 固定液可采用 10%福尔马林+1%$CaCl_2$ 或 4%多聚甲醛。

（2）Ca^{2+} 激活三磷酸腺苷酶——钙钴法

1）反应原理 该法同碱性磷酸酶的钙钴法类似，底物改用三磷酸腺苷钠盐，最适 pH 为 9.0（因此对 Mg^{2+} 激活 ATP 起抑制作用）。

2）试剂

① 孵育液

ATP 钠盐（含 3 个结晶水）	60mg
0.1mol/L 巴比妥钠	4mL
双蒸水	2mL
18mol/L $CaCl_2$	2mL
2,4-二硝基苯酚	30mg

依次完全溶解后用 0.2mol/L NaOH 调 pH 至 9。若浑浊则过滤。此液必须在临用前配制。

② 0.1mol/L 巴比妥钠。

③ 1%（NH_4）$_2$S。

3）操作步骤

① 冰冻切片或经 1% $CaCl_2$ 溶液浸渍 5min 的冰冻切片。

② 入孵育液，37℃，20~40min，水洗。

③ 入 1% $CaCl_2$ 溶液，3×2min。

④ 水洗后入 2% $CoCl_2$，5min。

⑤ 自来水洗后入 1%（NH_4）$_2$S，1min。

⑥ 水洗后，甘油明胶封片。

4）对照

① 孵育液中去除底物，反应呈阴性。

② 用 β-甘油磷酸钠代替 ATP 钠盐，同上法。

5）染色结果 酶活性处显棕黑色硫化钴沉淀。

5. 非特异性酯酶

非特异性酯酶（nonspecific estarases，NSE）主要位于内质网，线粒体、溶酶体和核膜等单位膜内也有存在。因此，在光镜下实际上整个细胞的细胞质都呈现酶活性染色反应。非特异性酯酶适宜 pH 5~8，其主要参与酯类物质代谢，与蛋白质代谢也有一定关系。当内质网内酶活性增强时，提示内质网膜所需的磷脂合成活动增强；当神经纤维溃变时，若酶活性增强，则提示细胞内脂类和蛋白质类的分解活动增强；当神经细胞的酶活性增强时，提示脂类和蛋白质类代谢处于活跃状态。

显示 NSE 的方法有乙酸萘酚法。

（1）反应原理

底物 α-乙酸萘酚在非特异性酯酶作用下生成萘酚，后者与重氮盐偶联形成棕黑色偶氮色素沉淀于酶活性部位。

（2）所需溶液

① 冷的 10％福尔马林。

② 孵育液

α-乙酸萘酚	10mg
丙酮	0.25mL
0.1mol/L 磷酸缓冲液（pH 7.4）	20mL
固蓝 B 盐	30mg

先将 α-乙酸萘酚与丙酮混合并充分溶解后加入 0.1mol/L 磷酸缓冲液充分搅拌至澄清，然后加入固蓝 B 盐，经充分搅拌混匀后立即过滤使用。

（3）染色步骤

① 冰冻切片（6～8μm），不固定或冷的 10％福尔马林固定 5min 后双蒸水洗。

② 将过滤的孵育液滴加到切片上，或将切片浸入孵育液中，室温（>20℃）下孵育 10～15min。

③ 流水冲洗，双蒸水浸洗后甘油明胶封固。

（4）染色结果

酶活性部位呈棕紫-棕黑色颗粒状沉淀。

（5）说明

非特异性酯酶极易从细胞内弥散入孵育液中，故不宜延长孵育时间。α-乙酸萘酚被水解得较快，但沉淀颗粒较粗，可代之以 AS-D 乙酸萘酚。

6. 乙酰胆碱酯酶和胆碱酯酶显示法

乙酰胆碱酯酶（acetylcholinesterase，AChE）具有水解乙酰胆碱的作用，广泛分布于神经细胞的粗面内质网内，线粒体、核膜和突触前膜亦有，尤以胆碱能神经元的含量最高。AChE 亦存在于运动终板、肌细胞、红细胞和肝细胞等部位。胆碱酯酶（cholinesterase，ChE）则多见于血清、胰、唾液腺内。AchE 与 ChE 的化学性质也不同，AChE 能最快地促使乙酰胆碱分解，也能分解乙酰基-β-甲基胆碱，但不能分解苯甲酰（基）胆碱，同时，此酶能被高浓度乙酰胆碱抑制，但 ChE 不同，乙酰胆碱浓度越高，越能被 ChE 分解。AChE 和 ChE 的最适 pH 分别是 7.5～8.0 和 8.0～8.5。

（1）光镜显示 AChE 和 ChE——亚铁氰化铜法

1）反应原理　以乙酰硫代胆碱作为底物，AChE 能将乙酰硫代胆碱水解产生硫代胆碱，使铁氰化物还原为亚铁氰化物，后者与铜离子结合成亚铁氰化铜而在酶活性部位呈现有色沉淀。用四异丙基焦磷酰铵（iso-OMPA）抑制非特异性胆碱酯酶活性，而只保留乙酰胆碱酯酶活性。毒扁豆碱能抑制两种胆碱酯酶，但保留 A、B 两类酯酶和脂酶。

2）所需溶液

① 冷的 10％福尔马林钙（含 1％$CaCl_2$）。

② 孵育液

乙酰硫代胆碱碘盐	5mg
0.1mol/L 乙酸缓冲液（pH 5.5）	6.5mL
0.1mol/L 枸橼酸钠	0.5mL

30mmol/L $CuSO_4$	1.0mL
双蒸水	1.0mL
5mmol/L 铁氯化钾	1.0mL

此液在用之前30min配制。乙酰硫代胆碱碘盐在乙酸缓冲液内溶解后，依次加入其他溶液，并充分搅拌至溶液呈亮绿色。最终 pH 5.5～5.6。

3）操作步骤

① 冰冻切片不固定，或经冷的10%福尔马林钙（含1% $CaCl_2$）溶液中固定20min，经双蒸水洗5min。

② 入孵育液，室温（>20℃）2～6h，一般为3h，或37℃ 0.5～2h。

③ 双蒸水洗。

④ 甘油明胶封固。

4）对照

① 去底物对照。

② 用 3×10^{-5}mol/L 毒扁豆碱硫酸酯代替双蒸水，先将切片处理30min，充分水洗后再入孵育液，则 AChE 和 ChE 都被抑制而反应呈阴性。

③ 孵育液中加 4mmol/L iso-OMPA 于含底物的孵育液中，专一抑制 ChE，显示 AChE。

5）染色结果　AChE 活性部位显示棕色沉淀。

6）说明　若孵育液内 Cu^{2+} 浓度太小，易造成弥散假象。pH 值以 5～5.5 为优，高于6也易发生扩散现象。

（2）电镜显示 AChE 和 ChE——亚铁氰化铜法

1）反应原理

同上。

2）孵育液

碘化乙酰基硫代胆碱	5mg
0.1mol/L 顺丁烯二酸盐缓冲液（pH 6.0）	6.5mL
0.1mol/L 柠檬酸钠	0.5mL
30mmol/L 硫酸铜	1.0mL
蒸馏水	1.0mL
5mmol/L 高铁氰化钾	1.0mL

3）操作步骤

① 取新鲜组织小块；

② 2%戊二醛或4%甲醛（均用0.1mol/L二甲肿酸缓冲液配制，pH 7.0～7.2）固定2～3h；

③ 0.1mol/L 蔗糖（加二甲肿酸缓冲液，pH 7.0）洗涤；

④ 孵育 30～60min（37℃）；

⑤ 0.1mol/L 蔗糖加二甲肿酸缓冲液洗涤；

⑥ 11%四氧化锇固定；

⑦ 丙酮脱水；

⑧ 环氧树脂包埋；

⑨ 超薄切片；

⑩ 乙酸铀染色。

4）对照

① 孵育液不加底物。

② 先用含 10^{-6} mol/L 毒扁豆碱和 10^{-6} mol/L DFP 的蔗糖二甲肿酸缓冲液对新鲜组织进行预处理，再以同样浓度将毒扁豆碱及 DFP 加入反应液中。

5）染色结果　酶活性部位呈中等电子密度细丝状或颗粒状沉积物。

6）乙酰胆碱酯酶和胆碱酯酶在生物学上的意义　胆碱酯酶的活性中心是丝氨酸，乙酰胆碱酯酶活性的强弱是神经细胞性质和功能状态的重要参考指标，也是神经系统发生过程中神经细胞分化的一个指标。所以，形态学上将乙酰胆碱酯酶的组织化学作为胆碱能传递部位的标志。乙酰胆碱酯酶主要分布于神经系统、肌肉和红细胞等，而胆碱酯酶则主要分布于血清、胰腺和唾液腺内。

（二）氧化还原酶

1. 过氧化物酶

过氧化物酶（peraxidase）是一种氧化还原酶，见于乳腺、甲状腺、唾液腺和肥大细胞等。显示过氧化物酶的方法以联苯胺法为最好。由于二氨基联苯胺有毒性且不够敏感，目前多采用四甲基联苯胺（TMB）法。

（1）反应原理

过氧化物酶能与过氧化氢反应形成初级复合物，本身被还原，同时产生游离氧原子，后者使无色的联苯胺最后形成有色的多聚体沉淀。

（2）所需溶液

① 孵育液

A 液：

硝普钠（sodium nitroprusside）	100mg
双蒸水	92.5mL
0.2mol/L 乙酸缓冲液（pH 3.3）	5.0mL

B 液：

3,3,5′,5′-四甲基联苯胺（3,3,5′,5′-tetramethylbenzidine，TMB）	5mg
无水酒精	2.5mL

加热至 37～40℃ 以加速 TMB 的溶解。

临用前现配，将 2.5mL B 液加入 97.5mL A 液中混匀，配好后 2h 内使用。

② 0.2mol/L 乙酸缓冲液（pH 3.3）。

③ 1%中性红。

（3）染色步骤

① 冰冻切片，双蒸水洗。

② 入孵育液，21℃ 左右，预孵育 20min，避强光，不时晃动切片。孵育液的颜色应无明显变化，否则，说明容器不干净。

③ 取出切片，暂置于 0.2mol/L 乙酸缓冲液内，以防干涸。再于孵育液内每 100mL 中加入 0.3% H_2O_2 1～5mL，充分搅匀。H_2O_2 具体含量视切片而定，以求得到最多的反应产物和较少的非特异性反应。

④ 重新将切片浸入，不时晃动，避强光，21℃ 左右 20min。

⑤ 0.2mol/L 乙酸缓冲液（pH 3.3）浸洗，0~4℃，6×5min。可在此液中保存 4h 而无明显褪色现象发生，但不宜超过 4℃。

⑥ 铬矾明胶载片粘片，空气中干燥。

⑦ 必要时 1%中性红复染显示细胞核。

⑧ 脱水、透明

双蒸水	10s
70%酒精	10s
95%酒精	10s
100%酒精	2×10s
二甲苯	2×2.5s

⑨ 树胶封片。

（4）染色结果

反应产物呈蓝或暗蓝色。

（5）说明

孵育液的亚硝基铁氰化钠（硝普钠）起稳定蓝色反应物作用，但在 TMB 反应中，若其用量大，较易出现非特异性针状结晶或细颗粒状沉淀，将甲液中的硝普钠含量从 100mg 减至 50mg 可减少非特异性沉淀，但同时又降低了反应的灵敏度，故多倾向于用 90mg。B 液中用酒精是为了溶解 TMB，但它对反应的灵敏度和反应产物的保持有不利影响，因此，在脱水过程中经过酒精的时间应尽可能短，且切片需在低温下避光保存。

2. 细胞色素氧化酶

细胞色素氧化酶（cytochrome oxidase，CCO）广泛分布于机体的细胞内，对细胞内的有氧呼吸中起重要作用。该酶主要定位于线粒体内膜上，是线粒体的标志酶。当细胞代谢过程旺盛时，则细胞内含有大量线粒体，CCO 活性增高。因此，CCO 活性也可作为细胞中氧化代谢程度的可靠指标。除线粒体外，在牛和大鼠等的胸腺、胰腺、淋巴结、骨髓、小肠黏膜和肝脏等的细胞核中也有 CCO 存在。

显示 CCO 的方法为 G-Nadi 法。

（1）反应原理

CCO 能催化分子氧对酚和芳香胺的氧化反应，即催化相混的萘酚和芳香二胺在有氧存在的情况下产生有色的靛酚沉淀。

（2）所需溶液

① 孵育液

甲液：10%甲萘酚酒精溶液

α-萘酚	100mg
纯酒精	1mL

两者充分溶解后，用双蒸水稀释至 100mL

乙液：

0.12%对氨基二甲苯胺（盐酸盐）	120mg
双蒸水	100mL

临用前现配。

甲液	5mL
乙液	5mL

0.1mol/L 磷酸缓冲液（pH 7.2～7.9）　　　　　　6mL

② 0.1mol/L 磷酸缓冲液（pH 7.2～7.9）。

（3）染色步骤

① 当天的新鲜冰冻切片。

② 入孵育液，37℃，30～60min。

③ 生理盐水浸洗。

④ 甘油明胶封片。

（4）染色结果

酶活性处产生蓝色靛酚颗粒。

（5）说明

α-萘酚系脂溶性试剂，须用纯酒精作溶剂，并需充分搅拌，直至肉眼看不到沉淀时还应继续搅拌一段时间，以使充分溶解于酒精中，这是操作的关键。孵育液 pH 7.8～8.0 效果最好。由于光线会引起甲液氧化形成淡褐色人工产物（若发生需过滤），故孵育反应最好在遮光的孵育箱或避光处进行。反应后应立即进行照相，以防反应物变色。若用福尔马林固定的组织，反应物会褪色。

（三）脱氢酶类

在生物代谢过程中，氧化还原反应与呼吸、酵解过程有关，氧化还原反应主要由脱氢酶催化。

脱氢酶的组织化学显示需要三个要素：组织内的脱氢酶（如琥珀酸脱氢酶）、氢供体的酶作用物（如琥珀酸钠）和氢受体（如硝基四氮唑蓝），后者获氢后被还原成不溶于水的有色甲腊（formazane），就地原位沉积在酶活性部位（同时，如琥珀酸被氧化成为延胡索酸）。

1. 琥珀酸脱氢酶——四唑盐法

琥珀酸脱氢酶（succinic dehydrogenase，SDH）是线粒体呼吸链的第一个酶，也是脱氢酶中最重要的酶。琥珀酸脱氢酶存在于所有有氧呼吸的细胞内，和线粒体内膜紧密结合，其活性反映三羧酸循环的情况，故为三羧酸循环的标志酶，也为线粒体的标志酶。含此酶活性高的组织为心肌、肾小管上皮和肝细胞。该酶最适 pH 为 7.6～8.5。此酶对固定剂敏感，故需要新鲜组织切片。

（1）反应原理

以琥珀酸为底物，在酶作用下脱氢，人工合成的硝基蓝四唑为受氢体，其接受氢后被还原为甲腊，呈蓝紫色。

（2）所需溶液

① 孵育液

0.1mol/L 琥珀酸钠　　　　　　　　　5mL

0.1mol/L PB（pH 7.6）　　　　　　　5mL

硝基四氮唑蓝（NBT）　　　　　　　10mg

二甲亚砜（DMSO）　　　　　　　　5mL

NBT 先溶于 DMSO 中，然后加入到琥珀酸钠和 PB 溶液中去。

② 10%福尔马林。

（3）染色步骤

① 新鲜冰冻切片，切片厚度 6～8μm。

② 0.1mol/L PB 洗 3 次，每次 5min。

③ 固定后的组织，37℃暗处孵育 10～40min，未固定的组织则在 4℃下孵育 1～2h。

④ 0.1mol/L PB 洗 5min。

⑤ 于 10％冷的福尔马林中固定 10min。（可省略）

⑥ 甘油明胶封片。

（4）染色结果

酶活性部位显蓝色二甲腈沉淀，活性较低时形成紫红色单甲腈沉淀。

（5）对照

① 孵育液内除去底物，加入等量双蒸水，同时孵育，应为阴性结果。

② 切片经 10％福尔马林中浸泡 30min～1h，再孵育，结果为阴性。

（6）说明

SDH 对固定液很敏感，大鼠各脏器的 SDH 只能耐受冷福尔马林固定 5～15min，所以，采用后固定法。

2. 乳酸脱氢酶-四唑盐法

乳酸脱氢酶（lactic dehydrogenase，LDH）是必需辅酶的脱氢酶，其氧化乳酸为丙酮酸，凡能进行糖酵解的组织中都存在，为无氧酵解途径标志酶。肝和骨骼肌细胞的 LDH 活性很强，正常红细胞的 LDH 活性比血清高 1000 倍。

（1）反应原理

与 SDH 的基本相同，但需加用 NAD 辅酶 I（尼克酰腺嘌呤二核苷酸），四氮唑盐接受还原型辅酶 I 的氢而被还原为深蓝色不溶的甲腈沉淀。

（2）所需溶液

① 10％福尔马林。

② 孵育液

A 液：

0.2mol/L PB（pH 7.8～8.0）	25mL
乳酸钠	0.20g
NAD（辅酶 I）	0.12g

B 液：

硝基四氮唑蓝（nilro-BT）	2mg
0.2mol/L PB（pH 8.0）	2mL

孵育液：A 液 2mL＋B 液 2mL＋PVP（聚乙烯吡咯烷酮）300mg。

（3）操作步骤

① 新鲜冰冻切片，由于脱氢酶对固定剂敏感，一般不固定组织切片，但肝要固定 3～5min，注意固定时间过长会导致酶活性丧失。

② 37℃，孵育 30min。

③ 双蒸水洗净。

④ 甘油明胶封片。

（4）染色结果

酶活性部位呈现蓝色二甲腈沉淀。

（5）对照

孵育液中去底物（乳酸钠）或去 NAD。

（6）注意事项

辅酶Ⅰ（NAD）在室温下易吸水潮解失活，称量时要快而准，最好将近期要用的酶一次称出分装成多个小瓶保存在 0℃ 以下的容器中备用。PVP 或聚乙烯醇（PVA）可使底物溶液的黏稠度增加，从而防止反应产物的扩散。

3. 苹果酸脱氢酶——四唑盐法

苹果酸脱氢酶包括 NAD^+ 依赖性苹果酸脱氢酶（EC1.1.1.37）和 $NADP^+$ 依赖性苹果酸脱氢酶（EC1.1.1.40）(malate dehydrogenase，MDH)。MDH 是苹果酸-草酰乙酸循环的重要酶。在该循环过程中，通过胞液和线粒体内的 MDH，不断生成 NADH 和 NAD^+，一方面可以为生物氧化提供 NADH 以产生 ATP，另一方面又可以使胞液内保持足够代谢需要的 NAD^+。

（1）反应原理

以苹果酸为底物，在苹果酸脱氢酶的作用下脱氢，人工合成的硝基蓝四唑为受氢体，其接受氢后被还原为甲膳，呈蓝紫色。

（2）试剂

孵育液的配制：

NAD 依赖性 MDH

0.1mol/L 磷酸缓冲液	10mL
L-苹果酸	156mg
NAD	13.27mg
PMS 或 1-甲氧基 PMS	1.96mg
叠氮化钠（NaN₃）	6.51mg
蒸馏水稀释	至 20mL

NADP 依赖性 MDH

0.1mol/L 磷酸缓冲液	10mL
L-苹果酸钠	312mg
NADP	11.89mg
PMS 或 1-甲氧基 PMS	1.96mg
叠氮化钠（NaN₃）	0.65mg
蒸馏水稀释	至 20mL

（3）操作步骤

① 冷冻切片。

② 37℃ 避光孵育 30～60min。

③ 双蒸水洗 3 次。

④ 室温下，10％福尔马林固定 10min。

⑤ 双蒸水洗。

⑥ 甘油明胶封片。

（4）染色结果

酶活性部位呈现蓝色二甲膳沉淀。NAD^+ 依赖性苹果酸脱氢酶（EC1.1.1.37）主要分布于肝细胞。$NADP^+$ 依赖性苹果酸脱氢酶（EC1.1.1.40）主要分布于分泌类固醇细胞，如黄体细胞、睾丸间质细胞等。

（5）对照

孵育液中去底物或加热（70℃）30min。

（6）注意事项

MDH 较易扩散，为保存良好的结构，可用低浓度的多聚甲醛固定组织。

第四章 | 免疫组织化学技术

第一节

免疫组织化学的基本原理

免疫组织化学是免疫学与组织化学相结合的一个分支学科，以免疫学的抗原-抗体反应为理论基础，即利用在组织细胞内进行的特异、灵敏、稳定的抗原抗体反应，从而检测特异抗原物质和抗体存在部位的科学。其主要步骤包括：多克隆和单克隆抗体的制备，用酶、生物素或荧光素等作为抗体的标记物；标记的抗体与组织中待测物质共同孵育，使之特异性结合；最后染色，使得标记抗体上的酶、生物素或者荧光素等显示出来。因此，要用免疫组织化学检测组织细胞内物质，必须具备两个条件：第一，作为检测对象的物质必须要有抗原性，能制作出与之对应的特异、高效价的抗体；第二，在免疫反应之前，目标物质要保持抗原性和在细胞内的稳定状态。组织中各种蛋白（如酶、激素）、糖类、脂类、核酸等都可以通过免疫得到抗体，分子量在 10000 以上的大蛋白分子，产生抗体比较容易，小分子多肽、糖蛋白、脂质、核酸等，必须先与另一个大分子蛋白（如血蓝蛋白、牛血清蛋白）等载体交联在一起，才可以诱导抗体生成。

第二节

抗体的基础知识

1. 抗原与抗体

抗原（antigen）是能刺激机体发生免疫反应的物质，具有免疫原性和反应原性。前者指能刺激机体免疫系统产生免疫物质（即抗体和致敏淋巴细胞），后者指能与抗体和致敏淋巴细胞特异性地结合而发生反应。兼有免疫原性和反应原性的物质称完全抗原，大多数蛋白质是良好的完全抗原。只有反应原性而无免疫原性的物质称半抗原或不完全抗原，绝大多数低分子量的多糖和所有的类脂均属半抗原。半抗原与载体蛋白质结合形成的结合物，就具有免疫原性，成为完全抗原。

抗体（antibody）是机体在抗原物质刺激下形成的一类能与抗原特异性结合的球蛋白，亦称免疫球蛋白（immunoglobulin，Ig），存在于血液、淋巴液和组织液中。大部分用于产生抗体的抗原来源于人体或其他动植物的组织。Ig 是免疫球蛋白家族的成员之一，该家族包括许多膜蛋白因子、MHC 抗原分子、Fc 段受体分子等，它们在氨基酸的组成上高度同源，多肽折叠也很相似。

抗体的基本结构由四条肽链对称排列组成，即两条较长、分子量较大的重链（heavy chain，简称 H 链）和两条较短、分子量较小的轻链（light chain，简称 L 链）（图 4-1）。两重链间由共价二硫键相互连接成"Y"形，两条轻链借二硫键分别连接在重链 N 端的一侧。因此，抗体都是对称性的高分子。轻链有 κ 和 λ 两种，重链有 μ、δ、γ、ε 和 α 五种。整个抗体分子可分为恒定区（constant region，简称 C 区，亦称不变区或稳定区）和可变区（variable region，简称 V 区）两部分。稳定区在抗体的 C 端，轻链的 1/2 和重链的 3/4，这一区域的氨基酸排列顺序比较稳定。可变区的氨基酸排列顺序随抗体特异性的不同而有所变化，位于 N 端，重链的 1/4 和轻链的 1/2 处，它赋予抗体以特异性，能特异地识别和结合相应的抗原决定簇，为抗原-抗体反应发生地。根据抗体重链稳定区的分子结构和抗原特异性的不同，免疫球蛋白可分为五类，即 IgG、IgA、IgM、IgD 和 IgE。

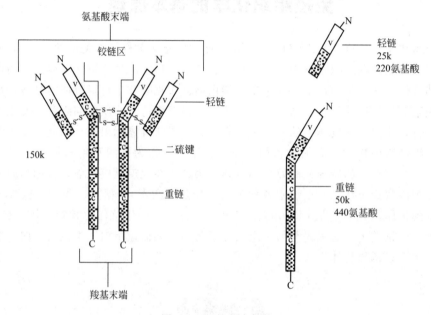

图 4-1 Ig 的基本结构

2. 抗体的来源

抗体有天然抗体和人工抗体。天然抗体是未经人工免疫由于隐性感染或传染而产生的针对感染因子的抗体。此外，机体会对其自身细胞及具体成分产生自身抗体。人工抗体由人工制备而来，它是免疫组织化学使用的主要抗体，包括多克隆抗体、单克隆抗体、抗体库筛选抗体、基因工程抗体等。

（1）单克隆抗体（monoclonal antibodies）

大多数抗原由大分子蛋白组成，但并不是构成抗原的大分子蛋白质所有氨基酸在免疫过程中都起抗原作用，而只是抗原上有限部位的特殊分子结构能与其相应抗体结合，这部分称之为抗原决定簇，而每一决定簇都可刺激机体产生一种特异性抗体。在机体淋巴组织内可存在千百种抗体形成细胞（B 细胞），每种抗体形成细胞只识别其相应的抗原决定簇，当受抗原刺激后可增殖分化为一种细胞群，这种由单一细胞增殖形成的细胞群体称为细胞克隆。同一克隆的细胞可合成和分泌理化性质、分子结构、遗传标志及其生物学特性等方面都是完全相同的均一性抗体。单克隆抗体是针对一种抗原决定簇的一个 B 淋巴细胞克隆分泌的抗体，它是应用细胞融合杂交瘤技术通过免疫动物（大多数为小鼠）而制备，具有特异性强、产量高的特点。

（2）多克隆抗体（polyclonal antibodies，PAb）

多克隆抗体是将纯化后的抗原直接免疫动物（大多数为兔），并从该动物血中所获得的免疫血清，它是多个 B 淋巴细胞克隆所产生的抗体混合物。免疫途径可分为皮下、皮内、脚蹼、淋巴结及腹腔静脉注射等，皮下注射法最为常用。一般免疫三次后即可用琼脂双扩散及免疫组织化学方法检测效价，若扩散效价达 1∶64，即可采血。用分子量低于 50000 的抗原（如小分子肽、固醇类以及药物等），需要免疫更多次数。甚至在抗原只有几千道尔顿时，需要把抗原用碳化二亚胺交联上另一大分子蛋白（如血蓝蛋白）载体，才能同时诱导抗原的免疫反应。两次免疫需要间隔 1 个月，第三次免疫 2 周后收取血清。从血清中提取的抗体具有多克隆的性质，这是由于抗原分子具有多种抗原决定簇，故可刺激产生多种抗体形成细胞克隆，合成和分泌抗各种决定簇的抗体到血清或体液中。与单克隆抗体相比，其亲和力强，但特异性差。

（3）基因工程抗体

基因工程抗体又称重组抗体，是指利用重组 DNA 及蛋白质工程技术对编码抗体的基因按不同需要进行加工改造和重新装配，经转染适当的受体细胞所表达的抗体分子。

由于目前制备的抗体绝大多数为鼠源性，临床应用时，对人是异种抗原，重复注射可使人产生抗鼠抗体，从而减弱或失去疗效，并增加了超敏反应的发生。因此，在 20 世纪 80 年代早期人们开始利用基因工程制备抗体，以降低鼠源抗体的免疫原性及其功能。目前多采用人抗体的部分氨基酸序列代替某些鼠源性抗体的序列，经修饰制备基因工程抗体，称为第三代抗体。基因工程抗体包括嵌合抗体、重构抗体、单链抗体、单区抗体及抗体库。

3. 抗体的性质

（1）抗体的亲和力

抗原-抗体之间的亲和力，指抗原决定簇和同源抗体结合位点间的反应力，即分子间吸引力与排斥力的总和。抗体的亲和力越高，与抗原决定簇的结合就越牢固，所形成的抗原-抗体复合物就越不易解离。抗原-抗体之间的反应是可逆的，在免疫细胞化学实验中，组织表面形成的简单抗原-抗体复合物可能会在漂洗过程中解离。由于多克隆抗体能识别不同抗原决定簇，造成其亲和力参差不齐，过度漂洗会导致染色消失。单克隆抗体仅识别专一的抗原决定簇，其亲和力较为单一，如果抗体亲和力较低，过度漂洗往往导致抗原-抗体解离而失染。低盐或低温能减轻抗原-抗体复合物中由于两者解离而引起的染色偏弱。同时，对切片漂洗应尽量避免高盐离子、较高温度和较低 pH 等减弱抗原-抗体结合程度的因素。

（2）抗体的特异性

每种抗体与抗原的结合部位（可变区）都不相同。每种抗原决定簇都有其独特的与其相应的专门结合抗体的可变区，因此，抗原-抗体的结合具有特异性，即某种抗体只与其相应抗原决定簇发生免疫反应。单克隆抗体只与一个抗原决定簇反应，所以特异性更好，多克隆抗体与两个或多个抗原决定簇反应，也具有较强亲和力，但特异性不如单克隆抗体。

（3）抗体的交叉反应与非特异性染色

抗体有时会与其他抗原、不同组织起阳性反应，具体分为两类：第一类是抗原上的两个抗原决定簇均可与同一抗体分子的同一抗原结合部位结合，亲和力有所不同；第二类交叉反应是指抗原决定簇分别与抗体中的不同抗体分子起反应而表现出交叉反应性。

抗体的非特异反应或非特异染色，是由于抗体为大分子免疫球蛋白，具有疏水性，同时组织也可能具有疏水性，两者可发生联解，形成非特异性结合。尤其是胶原、嗜酸性粒细胞以及死亡或正在坏死过程的细胞中容易发生非特异性染色。非特异性染色可用对照来排除，其不存在于 PBS 的阴性对照中，但存在于同类血清的替代对照标本中。

（4）抗体的效价

抗体效价指抗体在保持最佳特异性染色并且具备最小背景染色条件下的最高稀释倍数。抗体效价代表参与抗原-抗体反应体系中抗体的绝对数量。抗体质量的优劣则由抗体亲和力大小决定。

（5）抗体稳定性

抗体稳定性指在一定温度下多长时间可保持其染色效价不变或稀释度不变。抗体稳定性受纯化方法和保存方法的影响。抗体在纯化过程中受过高或过低 pH 、高盐或低盐的影响，贮存过程中受温度、抗体冻融等影响，使用过程中受到污染，也会降低稳定性，甚至丧失其活性。所以，应严格按照产品贮存要求保存：避免反复冻融，大量高浓度抗体可分装后使用，避免使用过程中污染。

第三节
免疫组织化学组织取材和标本制备

在免疫组化取材时，不仅要求保持组织细胞的形态完整，而且还要保持细胞或组织成分的抗原性，使之不受损或弥散，防止组织自溶。由于各种抗原的生化、物理性质不同，温度、酸碱及各种化学试剂的作用都可能影响抗原的免疫学活性。尤其对抗原含量少的组织标本，若取样或处理不当，易造成抗原的丢失或破坏，从而影响观察和判断。因此，正确处理组织标本是实验结果正确性的前提。

石蜡切片标本制备如下：

（一）取材

为充分保存组织的抗原性，标本离体后应立即处理：或立即速冻进行冷冻切片，或立即用固定液固定。如不能迅速制片，可贮存于液氮罐内或 −70℃ 冰箱保存。

取材注意事项：

1）材料越新鲜越好；

2）取材刀剪必须锋利，避免组织受挤压；

3）如果是病理取材，注意取材部位必须是主要病变区和病灶与正常组织交界区，对照取远离病灶区的正常组织；

4）组织块厚度不宜超过 0.5cm；

5）组织如有污物或黏液，固定之前应用生理盐水迅速荡洗后固定；

6）固定液的量必须充足，至少为组织体积的 20 倍。

（二）固定

固定的目的是迅速终止酶的活性，避免组织细胞结构的解体，阻止细胞内外肽类和蛋白质的扩散移位，即固定抗原。尤其是保持抗原分子上有限数目氨基酸顺序和抗原决定簇的完整性，保持抗原分子三维空间构型的稳定性以便于结合特异性抗体。特别是大多数神经激素和肽类物质，因其具有水溶性，在进行免疫组织化学研究之前常需固定处理。但肽类物质和蛋白质的物理、化学性质不同，因而对不同的固定剂或固定方法的适应程度也不尽相同。

（三）固定剂

免疫组织化学研究中常用的固定剂为醛类固定剂，其中多聚甲醛和戊二醛最为常用。多聚甲醛和戊二醛都是交联固定剂，既能更好地保存组织细胞的形态结构，又能使蛋白质得到固定。

1. 醛类固定剂

双功能交联剂，其作用是使组织蛋白之间相互交联，保存抗原于原位，特点是对组织穿透力强、收缩小。甲醛久存易产生白色的"三聚甲醛"，经氧化成为甲酸而使溶液呈酸性，这样会使固定的组织嗜酸性，影响嗜碱性染色。因此，可以在备用的甲醛液中投入碳酸钙或碳酸镁，一般用磷酸缓冲液配成中性甲醛。常用的醛类固定剂有：

（1）10%钙-福尔马林液

40%甲醛 10mL＋饱和碳酸钙 90mL。

（2）10%中性缓冲福尔马林液

40%甲醛 10mL＋0.01mol/L pH 7.4 PBS 90mL。

（3）4%多聚甲醛磷酸缓冲 pH 7.4

多聚甲醛 40g＋0.1mol/L PBS 液 pH 7.4500mL，两者混合加热至 60℃，搅拌并滴加 1mol/L NaOH 至清亮为止，冷却后加 PBS 液至总量 1000mL。

（4）戊二醛-甲醛液

戊二醛 1mL＋40%甲醛液 10mL＋蒸馏水 89mL。

（5）乙酸-甲醛液

40%甲醛液 10mL＋冰醋酸 3mL＋生理盐水 87mL。

（6）Bouin's 液

该固定液是组织学、病理学常用固定剂之一，对组织穿透力强而收缩较小，比单独醛类固定更适合免疫组化染色，配方见本书石蜡切片部分。

（7）Zamboni's 液

该固定液可用于电镜免疫组化，对超微结构的保存优于纯甲醛，也适用于光镜免疫组织化学研究。

多聚甲醛	20g
饱和苦味酸	150mL

Karasson-Schwlt's PB 至 1000mL

配制方法：称取多聚甲醛 20g，加入饱和苦味酸 150mL，加热至 60℃左右，持续搅拌使充分溶解、过滤、冷却后，加 Karasson-Schwlt's PB 至 1000mL 充分混合。

应用中，常采用 2.5%的多聚甲醛和 30%的饱和苦味酸，以增加其对组织的穿透力和固定效果，保存更多的组织抗原，固定时间 6～18h。

2. 丙酮

丙酮能使蛋白质沉淀，渗透力强，但对组织收缩作用明显。在组织化学中多采用冷丙酮固定法，低温（4℃）保存备用，常用于冰冻切片及细胞涂片的后固定，保存抗原较好。只需将涂片或冰冻切片插入冷丙酮内 5～10min，取出后自然干燥。丙酮也用于磷酸酶及氧化酶固定，除单独使用外，有时也用于混合固定液中，如丙酮与 40%甲醛液等量混合液。

3. 醇类固定剂

乙醇渗透力较弱，对组织收缩较大，且醇类对低分子蛋白质、多肽及细胞浆内蛋白质保存效果较差，通常与其他试剂混合使用，如冰醋酸、氯仿、甲醛等。

（1）Carnoy 液

无水乙醇	60mL
氯仿	30mL
冰醋酸	10mL

需现配现用，该液对组织渗透力强，小块组织固定 1～2h，一般固定不超过 12～18h。一般采用低温固定。

（2）Clarke 改良剂

无水乙醇	95mL
冰醋酸	5mL

常用于冰冻切片后固定。

（3）Methacarn 液

甲醇	60mL
氯仿	30mL
冰醋酸	10mL

混合后 4℃保存备用。

（四）固定方法

固定方法主要有以下两类：

1. 浸入法

将取出的组织小块浸泡在固定液内，固定时间主要根据组织块大小、固定性质和抗原的稳定性而定，一般 2～12h。

2. 灌注法

灌注法通过先向活体动物体内灌注固定液，固定一段时间后再取对应组织，再次固定。灌注法固定可使固定液迅速达到全身各组织，达到充分固定的目的，还能冲洗排除红细胞内假过氧化物酶的干扰，其主要步骤（大鼠）如下。

1）麻醉动物，经腹腔注射戊巴比妥钠或乙醚吸入麻醉。

2）快速冲洗血液，麻醉后立即解剖，将灌流针头经左心室插入主动脉。光镜制片，用 100mL 生理盐水含 0.01%肝素冲洗；电镜制片，用 100mL 生理盐水（含 0.01%肝素、2.5%PVP 和 0.5%盐酸普鲁卡因）冲洗。冲洗过程须在 2min 内完成。

3）滴注固定液 50～100mL，灌流固定液时先快速冲灌 50mL，然后调慢灌流速度以在 1h 内完成。灌流后将动物置于撒有少量同样固定液的塑料袋内，入 4℃冰箱内置 1h，取出拟检组织同样固定液内后固定 2～4h。若拟做石蜡切片，将组织后固定并经生理盐水洗涤，再进行脱水等后续处理；若拟做恒冷箱切片或振荡切片，组织经固定后置 20%～30%蔗糖溶液过夜以防冰晶形成，次日切片。

（五）石蜡制片方法

材料经固定后，后续脱水、透明、浸蜡、包埋、切片和贴片同第一章石蜡切片步骤。石蜡切片的优点是组织结构保存良好，能连续切薄片，组织结构清晰，抗原定位准确。用于免疫组化的石蜡制片与常规石蜡制片相比，需要注意以下问题：

1）由于不同的抗原性质不同，应注意选用合适的固定剂。

2）组织块大小应限于 $1cm×1.5cm×0.2cm$，以便组织充分脱水、透明、浸蜡。

3）标本固定时间不宜过长，否则易影响抗原活性。

4）脱水、透明等过程应在 $4℃$ 进行，尽量减少组织抗原的损失。

5）在浸蜡、包埋过程中，石蜡应保持在 $60℃$ 以下。

6）抗原修复。石蜡切片经过一系列处理后会影响抗原活性，特别是甲醛固定后，由于抗原性物质形成醛键、羧甲酸等原因而封闭了部分抗原决定簇，或由于蛋白质之间发生交联而使抗原决定簇隐蔽。因此，染色时需要对有些抗原先进行抗原修复或暴露，即将固定时分子之间所形成的交联破坏而恢复抗原的原有空间构型。

第四节

抗 原 修 复

如前所述，在石蜡制片过程中，抗原会被封闭或隐蔽。因此，染色时需将有些抗原先断开交联，暴露抗原决定簇。恢复抗原的方法主要有以下两种：

一、化学方法

主要通过一些酶的作用使抗原决定簇暴露，常用的酶有胰蛋白酶、胃蛋白酶、链霉蛋白酶、无花果蛋白酶、菠萝蛋白酶、尿素等。

应根据要显示的抗原成分和抗体说明书要求选择不同的酶。通常情况下，胃蛋白酶和菠萝蛋白酶主要用于细胞间质抗原的消化。弱消化用无花果蛋白酶，中度消化用胰蛋白酶，强消化用胃蛋白酶。常用胰蛋白酶和胃蛋白酶。具体如下：

1）试剂　酶消化可以大大增强免疫组化染色效果。胰蛋白酶（trypsin）一般为0.05%～0.25%，常用 0.125%。胃蛋白酶（pepsin）常用 0.4%。

2）操作步骤

① 常规组织切片经二甲苯脱蜡、梯度酒精水化至水；

② 阻断内源性过氧化物酶（也可以在消化处理后进行阻断），用 PBS（pH7.2～7.4）冲洗 3 次，每次 3min。用吸水纸吸干组织周围的水分，界限笔沿组织外周划圈，再滴加酶消化，37℃ 15～20min（注意加酶前保持组织湿润，不能干，加酶后注意不要使液体流出圆圈外，酶消化时间可以根据情况调节），PBS 冲洗 3min×3 次，进行组化的下一步。

3）注意事项　配好的消化酶溶液置 4～8℃冰箱保存，避免冰冻。

二、加热方法

抗原热修复可以选用各种缓冲液，如 TBS、PBS、重金属盐溶液等，抗原热修复方法可分为水浴加热法、微波方法和高压方法。常用具体方法如下：

1. 柠檬酸缓冲液高温高压抗原修复法

（1）适用范围

适用于大量中性福尔马林固定、石蜡包埋组织切片的抗原修复。

（2）仪器设备

普通家用压力锅、电炉、不锈钢或耐高温塑料切片架。

（3）试剂

0.01mol/L柠檬酸盐缓冲液，pH6.0。

（4）操作步骤

① 常规组织切片经二甲苯脱蜡、梯度酒精水化至水；

② 取一定量0.01mol/L柠檬酸盐缓冲液 pH6.0（800～1000mL）于压力锅中，加热直至沸腾；将切片置于不锈钢或耐高温塑料切片架上，放入已沸腾的缓冲液中，盖上锅盖，扣上压力阀，继续加热至喷气，开始计时1～2min后，压力锅离开热源，冷却至室温（稍冷后，可在自来水龙头下加速冷却），取出切片，先用蒸馏水冲洗两次，之后用PBS（pH7.2～7.4）冲洗两次，每次3min。进行组化的下一步。

（5）注意事项

① 控制加热时间长短很重要，从组织切片放入缓冲液到高压锅离开火源总时间控制在5～8min为好，时间过长可能会使染色背景加深。

② 必须使用不锈钢或耐高温塑料切片架，不能使用铜架，以防缓冲液pH值增高导致组织脱片。

③ 高压锅离开火源后必须等缓冲液冷却后才能把切片取出。

④ 为防止组织脱片，玻片必须经清洁处理后，包被0.01%多聚赖氨酸（poly-L-lysine）或APES（3-aminopropyl-triethoxy silane）。

⑤ 缓冲液的量必须保证所有切片都能浸泡到，避免切片干涸（抗原可能完全丢失）。用过的柠檬酸缓冲液不能反复使用。

2. 柠檬酸缓冲液微波抗原修复法

（1）适用范围

同方法1。

（2）仪器设备

微波炉、耐高温塑料切片架。

（3）试剂

0.01mol/L柠檬酸盐缓冲液，pH6.0。

（4）操作步骤

① 常规组织切片经二甲苯脱蜡、梯度酒精水化至水；

② 取一定量0.01mol/L柠檬酸盐缓冲液 pH6.0（＞500mL）于微波炉中，微波加热直至沸腾；将切片置于耐高温塑料切片架上，放入已沸腾的缓冲液中，中高档或中档继续微波处理15～20min，取出冷却至室温，取出切片，先用蒸馏水冲洗两次，之后用PBS（pH7.2～7.4）冲洗两次，每次3min。进行组化的下一步。

（5）注意事项

① 微波加热时间长短的控制很重要，从组织切片放入缓冲液到微波结束总时间控制在

15～20min 为好，时间过长可能会使染色背景加深。

②　必须使用耐高温塑料切片架，不能使用铜架或不锈钢。

③　微波过程中，如果缓冲液蒸发而量减少，无法浸泡到组织片，应该适当补充一些蒸馏水，以保证组织片都能浸泡在缓冲液中，继续微波。

④　微波结束后，必须等缓冲液冷却后才能把切片取出。

⑤　为防止组织脱片，玻片必须经清洁处理后，包被 0.01% 多聚赖氨酸（poly-L-lysine）或 APES（3-aminopropyl-triethoxy silane）。

⑥　缓冲液的量必须保证所有切片都能浸泡到，避免切片干涸（抗原可能完全丢失）。用过的柠檬酸缓冲液不能反复使用。

3. EDTA 抗原热修复法——水浴法

（1）适用范围

同方法 1。

（2）仪器设备

铝锅或铁锅、电炉、烧杯（1000mL）、不锈钢或耐高温塑料切片架。

（3）试剂

1mmol/L EDTA 抗原修复液 pH8.0。

（4）操作步骤

①　常规组织切片经二甲苯脱蜡、梯度酒精至水；

②　取一定量 1mmol/L EDTA 抗原修复液 pH8.0 于烧杯中，放入铝锅或铁锅，盖上锅盖进行热煮（注意防止 EDTA 液从烧杯中倒出）直至锅中水沸腾（此时烧杯内的 EDTA 液不会沸腾）；将切片置于耐高温塑料切片架上，放入已沸腾的缓冲液中，继续煮沸 20min，煮好后从锅中取出烧杯冷却至室温，取出切片，先用蒸馏水冲洗两次，之后用 PBS（pH7.2～7.4）冲洗两次，每次 3min。进行组化的下一步。

（5）注意事项

①　水浴结束后，必须等缓冲液冷却后才能把切片取出。

②　为防止组织脱片，玻片必须经清洁处理后，包被 0.01% 多聚赖氨酸或 APES。

③　缓冲液的量必须保证所有切片都能浸泡到，避免切片干涸（抗原可能完全丢失）。用过的 EDTA 缓冲液不能反复使用。

第五节
免疫组织化学基本方法

免疫组化方法可按不同依据进行分类，得到：一是根据标记物是否直接与待检物特异性结合，可分为直接法和间接法；二是按照标记物类别分为免疫荧光技术、免疫酶技术和免疫金技术，它们分别以荧光色素、酶和胶体金为标记物，每种类型又各有直接法和间接法之分。

一、根据标记物是否与特异性第一抗体结合

1. 直接法

直接法是用标有标记物的抗体（一抗）直接与组织内的相应抗原（或抗体）结合。该法

由于在染色反应中只加入了一种抗体，所以特异性高，效果可靠，且染色步骤简单，但由于抗体被标记后降低了与抗原的结合力，故抗体敏感性差。

基本染色方法：

1）切片常规脱蜡至水，PBS液，洗5min；

2）1∶20稀释的正常血清处理切片20min；

3）滴加适当稀释酶标抗体，放在湿盒中，37℃，30～60min；

4）PBS洗5min×2次；

5）显色，镜下控制；

6）苏木精衬染、脱水、透明、中性树脂封固。

2. 间接法

间接法是先用非标记的抗体（一抗）与组织内的相应抗原结合后，再用标上标记物（荧光素、酶或胶体金等）的相应抗体（二抗）与上述非标记的抗体相对应地结合。一般步骤是先加一抗于组织上与抗原结合，然后用缓冲液洗去未被结合的抗体，再加带有标记物的二抗，其与一抗结合，从而在抗原处形成抗原-特异性抗体-标记抗体的复合物；再次清洗，除去未结合的标记二抗。根据二抗的标记物类型进行后续步骤（如标记物为荧光，则可在荧光显微镜下观察）。间接法与直接法相比，由于一抗可以结合更多的二抗分子，故灵敏度更好，可检测较小量的抗原。直接法中一种标记只能检测一种抗原，而间接法被标记的二抗具有同种属结合的能力，如二抗是羊抗兔的抗体，可以和任一免疫兔得到的特异性一抗结合。故间接法提高可抗体的通用性。

二、根据标记物的类别

（一）免疫荧光技术

1. 反应原理

在免疫荧光技术（immunofluorescence technique）中，标记抗体（或抗原）的是荧光色素（fluorochrome）。所谓荧光素是指在紫外线照射下可以发出可见光的物质。常用的荧光色素有：异硫氰酸荧光素（fluorescein isothiocyanate，FITC），所发出的荧光为黄绿色，是最常用的荧光素；异硫氰酸四甲基若丹明（tetramethylrhodamine isothiocyanate，TRITC），发出红色荧光；四乙基若丹明（tetraethylrhodamine，RB200），发出橙色荧光；花青5（cyanine，CY5）发出蓝色荧光。免疫荧光标记法借助流式细胞仪，可以对单个活细胞进行分析，若借助激光共聚焦分析系统可以对细胞或组织的三维图像进行动态分析，使得这一技术的应用范围更广，分析更为精确。

免疫荧光标记法要求对标本的处理要迅速，温度低，因此其制片方法采用冷冻切片。该技术的优点是简单、迅速、颜色鲜艳、双标记容易。利用不同的荧光素标记不同的待检抗原或抗体可以同时检测不同的物质，可以用激光扫描共聚焦显微镜同时观察，并确定两种抗原是否共定位。免疫荧光标记法的缺点是组织背景的详细结构不易正确判断，染色难以持久保存，不能用于电镜观察。

免疫荧光法由于简单快捷，常用于临床检测中，可以迅速诊断感染物中的细菌，诊断肾脏血管球毛细血管壁上沉积的免疫复合物，诊断自身免疫疾病。

2. 染色步骤

1）石蜡切片脱蜡至水（或冷冻切片）；

2）PBS（0.01mol/L，pH7.4）洗，5min×2次；

3）10％NSS，30min，封闭非特异性染色反应；

4）兔抗血清孵育过夜；

5）PBS洗，5min×3次；

6）FITC 或 TRITC 标记的羊抗兔 IgG（1∶80）孵育，1h；

7）PBS洗，5min×3次；

8）甘油＋PBS（1∶9）封片；

9）荧光显微镜下观察并照相。

3. 染色结果

被标记抗原发绿色荧光（FITC）或红色荧光（TRITC）。

注：这个过程除 PBS 洗涤外，均在室温下湿盒内进行。切片在甘油封片后应立即镜检并照相。

（二）免疫酶技术

不是用荧光色素而用酶标记抗体，在抗体与抗原结合后借助于酶的存在确定抗原定位的技术称作免疫酶技术（immunoenzymatic technique）。免疫酶组织化学是抗原的特异性与酶的高效催化作用相结合的一种免疫标记法。对呈色反应后形成的有色化合物进行积分光密度的测定，可以对免疫阳性产物作半定量的分析。用作标记物的酶有辣根过氧化物酶（horseradish peroxidase，HRP）、碱性磷酸酶（alkalinne phosphatase，ALP）、葡萄糖氧化酶（glucose oxidase，GOD）等。当用免疫酶技术给组织和细胞的抗原进行定位时，不论是直接法还是间接法，酶总是结合在最后的抗体上，它一方面结合于抗体分子上，另一方面能催化加于其上的相应的底物。

1. 常用标记酶特点

（1）辣根过氧化物酶（HRP）

HRP 广泛分布于植物界，因辣根中含量高而得名，由无色的酶和深棕色铁卟啉（辅基）组成，其分子量较小，标记物易穿透入细胞内部；作用底物为 H_2O_2，以二氨基联苯（DAB）为供氢体的反应产物为不可溶的棕色物。在 pH 3.5～12 内稳定；溶解性好，氰化物、硫化物、氟化物及叠氮化物等对 HRP 的活性有抑制作用。

（2）碱性磷酸酶（ALP）

ALP 是一种磷酸酯的水解酶。由于 ALP 较难获得高纯度的制品，价格较高。其标记物常为高度聚合的大分子，穿透细胞膜的性能较差，故少用于定位研究。

（3）葡萄糖氧化酶（GOD）

GOD 是一种来源于黑曲霉的酶。GOD 的底物为葡萄糖，供体氢是对硝基蓝四氮唑，终产物较稳定，为不溶性蓝色沉淀。GOD 分子量为 15000，比 HRP 大 3 倍以上，并具有较多氨基，在标记时易形成广泛的聚合，影响酶的活性，多用于双标记染色。

2. 非标记抗体免疫酶法

非标记抗体酶法中酶不是作为标记物来标记抗体，而是作为抗原免疫动物（如兔），用以制备抗这种酶的抗体，即抗酶抗体。该法的特点是所用抗体均未标记，利用二抗作为桥，将一抗和终抗体连接起来，而终抗体为抗酶抗体，该方法分为以下两类。

（1）酶桥法

该法是利用第二抗体（亦称桥抗体）作桥将抗酶抗体间接连接在与组织内抗原结合的第

一抗体上，再将酶结合在酶抗体上，经呈色反应显示抗原的定位。此法中，任何抗体均未被酶标记，酶是通过免疫学原理与抗酶抗体结合，避免了共价连接对抗体和酶活性的损伤，克服了酶标记抗体法的缺点，较好地保护了抗体和酶的活性，从而提高了方法的敏感性。但是，该法中抗酶抗体取自动物血清，其中含有非特异性抗体，其抗原性与抗体酶相同，能与二抗结合，但不与酶结合，从而降低了灵敏性；同时，抗酶抗体与二抗结合力较弱，在漂洗过程中容易脱落，从而丧失了大部分酶活性。基本染色方法如下：

① 组织切片脱蜡至水，PBS 洗 5min×2 次；

② 用 3% H_2O_2-甲醇在室温中处理切片 5~30min；

③ 充分水洗后，PBS 洗 5min×2 次；

④ 1:20 稀释正常血清，室温 30min；

⑤ PBS 洗 5min×2 次；

⑥ 一抗，4℃，16~24h；

⑦ PBS 洗 5min×2 次；

⑧ 二抗，室温 30min，PBS 洗 5min×2 次；

⑨ 滴加抗酶抗体，室温 30min，PBS 洗 5min×2 次；

⑩ 用过氧化物酶溶液作用 30min，PBS 充分洗净；

⑪ 在 DAB-H_2O_2 液中进行显色 5~30min，镜下控制；

⑫ 水洗，苏木精复染、脱水、透明、中性树胶封固。

（2）过氧化物酶-抗过氧化物酶复合物法（peroxidase-antiperoxidase complex method, PAP）

PAP 法能克服酶桥法上述缺点，其主要特点是提前将过氧化物酶与抗酶抗体制成复合物，该复合物含两个抗体分子和三个酶分子，构成稳定的五角形环状结构。PAP 法染色的基本步骤是：先用特异性第一抗体与标本内相应抗原结合，再用第二抗体与第一抗体结合，最后用 PAP 复合物与第二抗体结合。第二抗体用量要相对过剩，使其除用其中一个 Fab 段与第一抗体结合外，还剩下另一个 Fab 段游离，以便被 PAP 复合物所结合。最后，通过过氧化物酶显色反应显示标本内的抗原。

该法灵敏度高，若重复使用第二抗体和 PAP 复合物，可使该法灵敏性更高，对抗原检测有明显放大作用。该方法的缺点是：PAP 理论上是一种复合物，因其不是抗 HRP 抗体，不能与 HRP 结合，不会造成背景染色，但实际工作中仍存在较重的非特异性背景染色。

一般染色步骤：

① 组织切片脱蜡至水；

② 必要时阻断内源性过氧化物酶活性：0.3% 甲醇-H_2O_2 30min，37℃（此步骤一般可省去）；

③ PBS 洗 5min×3 次；

④ 0.1% Triton X-100 PBS，15min，增加细胞膜对抗体分子的通透性；

⑤ 10% NSS，30min，封闭非特异性染色反应；

⑥ 兔抗血清孵育 15min；

⑦ PBS 洗 5min×3 次；

⑧ 加羊抗兔 IgG，室温 60min；

⑨ PBS 洗 5min×3 次；

⑩ 兔 PAP，室温 30~60min；

⑪ PBS 洗 5min×3 次；

⑫ DAB-H_2O_2 显色液（现配现用，避光染色），5~15min，镜检控制；

⑬ 水洗复染；

⑭ 常规脱水、透明、中性树胶封固。

染色结果：免疫反应阳性物质为棕褐色沉淀。

注：空白试验，用 PBS 取代兔抗血清或羊抗兔 IgG 或 PAP，结果应为阴性。

（3）免疫酶双标记法

免疫酶双标记（double immunoenzymatic labeling）采用两种不同的酶，通过相应酶促反应形成两种颜色不同的反应产物，从而显示出两种物质在组织或细胞内的定位。使用多种酶可两两组合成多种双标记法。这些双标记法中，通常过氧化物酶是必用的，另一种酶则可以是碱性磷酸酶、葡萄氧化酶或半乳糖苷酶。也可用 PAP 法与碱性磷酸酶抗碱性磷酸酶复合（alkaline phosphatase antialkaline phosphatase comples，PAAPA）法结合成的免疫酶双标记技术。PAAPA 复合物是采用与 PAP 复合物类似的方法制备而成，它是由两个碱性磷酸酶分子和两个抗碱性磷酸酶抗体分子结合而成的环形复合物。

一般染色步骤：

① 切片脱蜡水化至水；

② PBS 洗 5min；

③ 加非免疫动物血清孵育 15min；

④ 加第一抗体孵育 60min；

⑤ PBS 洗 5min×3 次；

⑥ 加第二抗体孵育 30min；

⑦ PBS 洗 5min×3 次；

⑧ 加 APAAP 复合物孵育 30min；

⑨ PBS 洗 5min×3 次；

⑩ 固蓝显色，15~20min，37℃；

⑪ 水洗，复染，甘油明胶封片。

（三）亲和免疫组织化学技术

1976 年 Bayer 首次提出了亲和组织化学，它是以一种物质对某种组织成分具有高度亲和力为基础建立的组织细胞基础化学技术，与免疫反应结合起来即成为亲和免疫组织化学技术，该方法对抗原的敏感性进一步提高，定位更加准确、清晰。

1. 抗生物素蛋白-生物素技术

亲和素（avidin）又称卵白素，是从卵蛋白中提取的一种糖蛋白，分子量为 68000。生物素（biotin）是从肝中提取的一种小分子维生素（维生素 H），分子量很小，仅 244。每个亲和素分子上有 4 个与生物素分子结合力极高的位点，两者间的亲和力比抗原-抗体间的亲和力大 100 万倍，且不影响彼此的活性。

（1）标记亲和素-生物素法（LAB 法）

LAB 法（labelled avidin-biotin method）是将标记物（辣根过氧化物酶）与亲和素结合，一个亲和素分子可以偶联或吸附多个酶分子。生物素与抗体（第一或第二抗体）结合，一个抗体分子可结合多个生物素分子，抗体的免疫活性不受影响。因此，该法有很强的稳定性和很高的灵敏度，能更有效地检测微量抗原、受体或抗体。此法的基本步骤是：先使生物素化的抗体与组织或细胞中相应抗原结合，再使过氧化物酶标亲和素与结合在抗体上面的生物素结合，最后经酶的显色反应显示标本内的抗原成分。

（2）桥连亲和素-生物素法（BAB法）

BAB法（bridged avidin-biotin method）是先将生物素分别与抗体和辣根过氧化物酶结合，形成生物素化抗体和酶标生物素。染色的基本步骤是：先以生物素化抗体与组织或细胞中相应抗原结合，再以游离的亲和素与生物素化的抗体结合，然后加入酶标生物素，使其也与结合于生物素化抗体上的游离亲和素结合，于是游离的亲和素作为桥使生物素化的抗体间接地与酶标生物素连接起来，达到多层放大，最后通过过氧化物酶的显色反应，显示标本中的抗原成分。

（3）亲和素-生物素-过氧化物酶复合物法（ABC法）

ABC法（avidin-biotin-peroxidase complex method）是美籍华裔学者Hsu（1981）首先报道。ABC法是在LAB法和BAB法的基础上发展起来的，此法需要两种抗体（即第一抗体和第二抗体）参加反应，其中第二抗体分子上结合有生物素而为生物素化第二抗体。此外，按一定比例将亲和素与过氧化物酶标生物素结合在一起，形成亲和素-生物素-过氧化物酶复合物（ABC复合物）。染色的基本步骤是：先使第一抗体与标本中的相应抗原结合，再使生物素化第二抗体与第一抗体结合，最后通过过氧化物酶的显色反应显示组织或细胞中的抗原成分。

由于亲和素和生物素之间的结合是化学结合，不像PAP复合物是由抗酶抗体制备而成，所以ABC法可减少非特异性染色，并且其敏感性较PAP法高20～40倍。该方法的缺点是：许多哺乳动物组织中存在内源性生物素，后者可同ABC系统中的亲和素交叉结合产生假阳性反应。可用亲和素预孵育切片，即与内源性生物素结合而将其封闭。另外，不同亲和素和生物制剂之间的相互亲和性有较大差异，更换试剂时须严格测试，挑选其中亲和性最大者，才能保证恒定的结果。

基本染色步骤：

① 切片常规脱蜡至水；

② PBS洗5min×3次；

③ 必要时阻断内源性过氧化物酶活性：0.3%甲醇-H_2O_2 30min，37℃（此步骤一般可省去）；

④ PBS洗5min×3次；

⑤ 0.1% Triton X-100 PBS，15min，增加细胞膜对抗体分子的通透性；

⑥ 10%NSS，30min，封闭非特异性染色反应；

⑦ 加非免疫动物血清孵育20min，37℃；

⑧ 适当稀释的第一抗体孵育60min，37℃；

⑨ PBS洗5min×3次；

⑩ 适当稀释的生物素标记二抗，30min，37℃；

⑪ PBS洗5min×3次；

⑫ 加ABC复合物30～60min，37℃；

⑬ PBS洗5min×3次；

⑭ DAB显色1～5min，显微镜下控制；

⑮ 水洗，苏木精复染、脱水、透明、中性树胶封固。

（4）链霉亲和素-生物素-过氧化物酶复合物法（SABC法）

SABC 法（spreptavidin-biotin-peroxidase complex method）是 ABC 法的改良，但仅用链霉亲和素代替 ABC 法中的亲和素，其他成分与 ABC 法完全相同。SABC 法比 ABC 法更敏感，目前被广泛采用。

2. 葡萄球菌 A 蛋白

葡萄球菌 A 蛋白（staphylocal protein A，SPA）能与某些动物 IgG 的 Fc 段非特异性结合，将 SPA 替代桥抗体，把酶、荧光素等标记在 SPA 上，标记的 SPA 就可直接检测组织细胞内的 IgG 成分或免疫复合物。

3. 凝集素免疫组织化学

凝集素是一种提纯的糖蛋白或结合糖的蛋白质，可使红细胞凝集。凝集素具有与特定糖基专一结合的特性。用酶、胶体金等标记凝集素，利用其能与细胞糖基发生亲和反应的特性，以研究细胞上的糖基和细胞膜上的微小结构。

（四）免疫胶体金技术

免疫胶体金技术（immune colloidal gold technique）是以胶体金作为示踪标志物应用于抗原抗体的一种新型免疫标记技术。胶体金是由氯金酸（$HAuCl_4$）在白磷、抗坏血酸、枸橼酸钠、鞣酸等还原剂作用下，聚合成为特定大小的金颗粒，并由于静电作用成为一种稳定的胶体状物质。

胶体金在弱碱环境下带负电荷，可与蛋白质分子的正电荷基团形成牢固的结合，由于这种结合是静电结合，所以不影响蛋白质的生物特性。胶体金除了与蛋白质结合以外，还可以与许多其他生物大分子结合，如 SPA、PHA、ConA 等。根据胶体金的一些物理性状，如高电子密度、颗粒大小、形状及颜色反应，加上结合物的免疫和生物学特性，使胶体金广泛地应用于免疫学、组织学、病理学和细胞生物学等领域。在免疫组织化学中，胶体金粒能直接标记到抗体或抗原上，也能先与蛋白 A 相结合然后再标记到抗体或抗原上。

1. 免疫胶体金染色法（immunogold staining technique，IGS）

该法是把金粒直接标记到抗体上，可在光镜下也可在电镜下观察。标记之前将胶体金的 pH 调至待标蛋白质的等电点或略偏碱，将待标记的蛋白透析除盐，再离心，去除蛋白质聚合物等沉淀。标记蛋白之后，再用超速离心或凝胶过滤除去未标记的蛋白。

免疫胶体金染色法有直接法和间接法。直接法是将胶体金标记的一抗直接对标本进行染色，然后在光镜或电镜下观察。该方法简单，但一种探针仅限于一种抗原。间接法是将未标记的特异性一抗与标本中的抗原结合，然后加金标二抗或 SPA 与一抗结合，在光镜或电镜下对抗原的分布进行定位研究。含抗原的细胞被染成红色。该染色程序简便，不需要显色或显影过程，但一般要求金颗粒的直径大于 20nm，并要求用高浓度的免疫金溶液。电镜下观察，需用超薄切片进行免疫胶体金染色，其染色程序的基本步骤与光镜的相同。由于金粒有很高的电子密度，所以，在电镜下可清楚观察金粒的定位和数目，也就是组织或细胞内所检抗原的定位和含量。

一般染色步骤：

① 石蜡切片脱蜡至水；

② 0.1% 胰蛋白酶消化 10min；

③ 双蒸水荡洗 5min×2 次；

④ 0.02mol/L TBS（pH8.2）振洗，10min×2 次；

⑤ 1‰EA 封闭非特异染色，10min；

⑥ 鼠抗单克隆抗体孵育过夜；

⑦ TBS 振洗，10min×2 次；

⑧ 1‰ EA 封闭，10min；

⑨ 免抗鼠金标抗体（1：8），37℃；

⑩ TBS 振洗，10min×2 次；

⑪ 双蒸水振洗，5min×2 次；

⑫ 1‰戊二醛，10min（使发生免疫反应的抗体稳固结合于抗原存在处）；

⑬ 双蒸水，5min；

⑭ 苏木精复染，甘油封片。

染色结果：抗原存在处有金颗粒聚集，呈红色。

注：单克隆抗体和金标抗体均用 0.02mol/L TBS（pH 8.2）稀释至合适浓度。

2. 免疫金银染色法（immunogold silverstaining，IGSS）

1983 年 Holgate 及同事在 IGS 的基础上与银显影方法相结合，建立了免疫金银法。其基本原理是：经免疫反应沉积在抗原位点处的胶体金颗粒作为一种催化剂，在对苯二酚存在的情况下，将显影液中的银离子催化还原成银原子，可将抗原位点清楚显示出来。光镜免疫金银法染色步骤是在免疫金染色后需在硝酸银显色液中暗处显色。阳性部位呈黑色颗粒状。

3. 蛋白 A 胶体金法

蛋白 A 是从金黄色葡萄球菌细胞壁上提取的蛋白质分子，它具有能与各种哺乳动物大多数免疫球蛋白（IgG）分子的 Fc 段非特异性牢固结合的特征。如果在蛋白 A 上标记上胶体金，就可用标有金粒的蛋白 A 与直接法或间接法中的一抗或二抗结合，从而定位抗原。

蛋白 A 金法又称 PAG 法（protein A-gold technique）。此法只需两步就能给抗原定位：第一步是将特异性第一抗体与组织切片上的抗原结合；第二步是将 PAG 与第一抗体结合。如果采用光镜技术，则在镜下观察到相应抗原处有红色反应产物；如果采用电镜技术，则在电镜下观察到相应抗原处有金粒的分布。

第六节
免疫组化技术注意事项及常见问题

一、免疫组化实验注意事项

1）正确保存抗体　反复冻融会降低抗体效价，新购买的抗体可分装成可一次性用完的小包装。用 PBS 稀释的抗体不能长期保存，在 4℃可放 1～3d，最好当天使用，超过 7d 效价显著降低。如在免疫荧光实验中，抗体稀释度应选择其说明书中适合稀释度的最大值。

2）器皿及玻片应用肥皂水洗净　自来水充分冲洗，烤干，硫酸洗剂浸泡过夜，自来水冲洗，烤干备用。特别是做免疫荧光时，载玻片或盖玻片应无自发荧光。

3）最好用 4%的多聚甲醛固定液固定　对于冰冻切片，甲醛固定有时比冰冻丙酮好。商品化的抗体会有比较适合而推荐的固定液，可根据说明书选择合适固定剂。

4）烤片　60℃ 30min 或 37℃过夜，温度太高或时间太长易致抗原丢失。

5）蜡块及切片放 4℃保存。

6）为防止脱片，可用防脱片剂处理，poly-L-lysine（多聚赖氨酸）为目前免疫组化染色工作中最常用的一种防脱片剂，6mL 的多聚赖氨酸溶液可按 1∶10 稀释成 60mL 的工作液，适合于需要酶消化、微波、高温高压的防脱片处理。如仍脱片，可用双重处理（APES 和 poly-L-lysine）切片。

7）封闭 山羊血清封闭，若非特异性染色仍然较强时，可延长封闭时间或用浓缩血清封闭。

8）背景高 在抗体浓度、反应时间、反应温度等合适的条件下，如果背景依旧高，可采用含 1‰ Tween 20 PBS 洗，特别是在显色之前要多洗。

9）显色 在酶显色反应中应注意避光，在显微镜下观察，注意控制染色时间。

二、免疫组化常见问题及处理

（一）染色阴性（无色片）

1. 真阴性结果

整个实验过程没有出现问题，组织或细胞确实不表达与抗体相关的抗原。

2. 假阴性结果

此阴性结果不是真实的反映，可分为六种情况：

1）切片中根本就不包含所预期检查的组织或细胞，因此注意取样的准确性，尤其是病理切片。

2）固定剂的种类选择错误，或固定时间和温度不合适，包埋温度太高，浸蜡烤片温度不宜超过 62℃，否则造成抗原丢失。

3）抗体浓度太低。

4）孵育时间太短、浓度太低。

5）染色过程中的某一或某些环节出了问题。如抗体失效，试剂配制不对、操作过程漏掉相关步骤、染色过程中过分干燥等。

6）一抗与二抗种属连接错误，仔细确定一抗与二抗种属无误。

解决阴性染色的问题是设立"阳性对照"。如果阳性对照表达，说明染色的全过程和所有试剂都没有问题。如果此时测试片仍为阴性，便是真实的阴性，说明组织或细胞没有相应的抗原表达。反之，如果阳性对照没有着色，表明染色过程中某个或某些步骤出了问题或试剂出了问题，应——寻找原因。

阳性对照包括两种。一种称为"自身对照"或"内部对照"，用同一组织切片上与待测抗原无关的其他结构做对照。由于内部阳性对照细胞已与被测细胞经受同样的固定时间和同样的组织处理过程，因而比用分离的组织为基础的阳性对照更为优越。另一种称为"外部对照"，有时在测试的切片中不存在已知的抗原，如在胃的标本中怀疑是恶性黑色素瘤，需要用 HMB45 或 Mart-1 来检测，在正常的胃组织中本身不存在相关的抗原，如果病变出现阳性反应结果，提示是恶黑，但是如果出现阴性结果，就无法确定是本身组织中不含黑色素瘤抗原，还是技术问题。因此，应另外设立一个已知的阳性对照。这种在测试组织之外的阳性对照称为"外部对照"。

在实际工作中需要设立外部对照的情况很多，如果每一种抗体都要选不同的阳性对照，工作量会很大。为了解决这个问题，有些实验室发明了将多种不同组织集成在一起，制成多组织切片、"腊肠""春卷"切片、组织芯片等，其连续切片储备待用，需要时取出一张便可作为阳性对照。

（二）弱阳性

如果阴性对照没有染色而阳性对照标本弱阳性，除了考虑上述因素外，还应考虑：

1）不当的标本固定方式　不当固定方式或固定时温度过高，都会影响到所检测的抗原的数量和质量。

2）不当抗原修复方式　由于石蜡切片在制作过程中固定剂对抗原的封闭作用，必须用抗原热修复或酶消化或两种同时使用的抗原双暴露法，至于使用哪一种方法，应参照生产厂家的说明，同时结合标本的具体情况而定。

3）抗体的稀释度是否过高或者孵育的温度、时间是否正确　一般试剂生产厂家都会对试剂给出一定的使用范围，但是由于使用者的标本来自各种组织，处理过程也不尽相同，所以应参照使用范围，对所使用的一抗进行梯度测试，找出最佳的使用浓度。

4）切片上遗留了过多的冲洗液　当抗体加至切片上时，等于人为地对抗体进行了进一步的稀释。

5）孵育时切片应水平放置，否则会导致抗体流失。

如果阴性对照没有反应，阳性对照反应良好，而标本弱阳性，则可能是由于阳性对照不是同一种组织或固定方式不同等原因所致。

（三）非特异性背景染色

免疫组化除正常的真实阳性信号外常会遇到不正常的背景着色，这些非正常的着色也称为"杂音"染色，常出现在组织边缘、胶原纤维及血浆渗出处，坏死组织及固定不良的组织中心处，表现为弥漫性、均匀性的背景染色。也可以是随机分布的阳性反应产物点、团或块状。造成非特异性背景染色的原因主要有以下几个方面：

1）没有有效去除组织中所含的过氧化物酶和生物素。

虽然并不是每一种组织均需要去除内源性酶和生物素，但对于内源性酶或生物素丰富的组织，如肝脏、肾脏等，需考虑此原因。过氧化酶的处理可再配置新鲜 $3\%H_2O_2$ 封闭，孵育时间延长。

饱和处理内源性生物素：消除内源性生物素的方法是事先滴加亲和素，以饱和内源性生物素，使之不再有剩余的结合位点。具体方法是：在 ABC 法或 SP 法染色前将切片浸于 $25\mu g/mL$ 亲和素溶液中处理 15min，PBS 清洗 15min 后即可染色。

2）如果全片着色，可能原因有：抗体浓度过高、抗体孵育时间过长，温度过高、DAB 变质和显色时间太长、组织变干，染色过程标本干涸，会造成边缘部的非特异性染色。另外，抗体变质也可能导致全片着色。

3）操作过程中冲洗不充分　因在缓冲液中含有一定量的盐，这亦有利于减低背景着色，通常 0.05mol/L Tris-HCl，0.15mol/L NaCl 已适用于多数染色方法，溶液内加入吐温 20，效果更佳。严格操作规程，每步冲洗 3 次×5min。

4）血清封闭不充分　电荷吸附所造成的非特异性背景染色消除方法是以二抗动物的非免疫血清，用 PBS 稀释为 3%～10%溶液孵育切片，以封闭吸附位点。可根据情况适当延长封闭时间。

5）抗体纯度不够或效价低　因抗原不纯、标本片中含有与靶抗原相似的抗原决定簇等原因造成的非特异性染色只能通过采用高纯度、高效价的抗体或针对更具特异性抗原决定簇的单克隆抗体来解决。

6）切片边缘着色　产生的原因：一是组织边缘与玻片粘贴不牢，边缘组织松脱漂浮在液体中，每次清洗不易将组织下面试剂洗尽所致。二是切片上滴加的试剂未充分覆盖组织，边缘的试剂容易首先变干，浓度较中心组织高而致染色深。

7）组织一半着色一半未着色，形成交界清晰或不甚清晰的两种染色结果。其成因是试剂仅覆盖了部分组织而不是全部。另外，染片盒不平，切片倾斜，虽然开始试剂已全部覆盖了组织，但后来试剂流向一边，部分组织未被试剂覆盖。

8）切片中着色区东一块西一块，呈灶片状分布，出现这种问题的原因：一是裱片时水未排尽，在局部形成气泡使组织突起，染色时试剂渗入后不易洗尽，显色过深所致。二是坏死组织灶，组织坏死后细胞破坏、酶的释放、蛋白游离、分解，复杂的肽链残段（如 Fc 段）可能与一抗或和二抗结合导致最终着色。解决办法是在选择染色切片时应避免选择坏死组织较多的切片。三是制作 APES 胶片时，胶的浓度太高，干燥后在玻片上留下白色小点，显色时白色小点着色。解决办法是按照标准的制备方法进行。

第五章 | 免疫组织化学图像分析

第一节
常用免疫组织化学显微图像定量分析技术

在免疫组化实验中，免疫组化的结果最终都是以切片图像的形式呈现。只有对图像进行正确的分析，才能得到准确的结果。组织化学图像定量方法分为目测定量、显微分光光度术和计算机图像分析系统。

一、目测术——半定量技术

具体包括阳性率法和阳性强度法。阳性率是指阳性细胞数量占所测细胞总数的百分比。阳性强度又称积分法。上述两种方法都是以"＋"和"－"表示组织化学的呈色反应是阳性还是阴性，以进行定性分析。对阳性反应产物的多少则是以"＋"的多少表示。"＋"表示呈色反应为弱阳性，即细胞质呈浅灰色，无或仅小部分区域有棕色沉淀，且弥散分布，无致密颗粒；"＋＋"表示较强，全部细胞质均匀着色，或为棕黑色较致密的片状沉淀，但只占细胞质一半左右；"＋＋＋"表示强阳性，细胞质内充满了棕黑色沉淀，分布均匀，颗粒呈黑色，但密度较低，致密的块状沉淀较少；"＋＋＋＋"表示极强阳性，全部细胞质为深黑色，并充满致密的团块状沉淀，有时黑色沉淀可以遮蔽细胞核。

阳性率和阳性强度不能反映总体的强度，可通过积分法计算出阳性强度加以表示，即不同阳性细胞与其细胞数之积的总和。由于阳性强度的判断没有明确的客观标准，所以这种方法只能算半定量技术。由于缺乏客观的标准，这种方法主要缺点是：①精度不高，同一张标本，不同的观察者可以得到出不同的结论；②即使同一张标本同一个观察者，不同时间观察，结论可能不一样；③人的主观性加之视觉有一定限制性，可能会丢失一些重要信息。

二、显微分光光度术

显微分光光度计又名细胞分光光度计，是建立在待测物质的有色反应物分子对光波选择性吸收的基础上，在显微镜下对生物样本微细结构中的化学物质进行定量测定的紧密仪器，可以测定单个细胞内的核酸、蛋白质、脂类、酶类、氨基酸、糖原、生物胺和抗体等的吸收度和微区面积而计算出这些物质的相对含量。凡能显示组织化学反应产物的染色均可用显微分光光度计进行检测。检测时，要求标本内的细胞不能有双重染色，染色要均匀一致，细胞不能聚集成团而需呈分散状态。此外，在测定多切片或分组切片标本时，切片厚度必须一致。

三、计算机图像分析方法

图像分析采用计算机技术和数学形态学方法客观精确地用数据表达细胞图像中的各种信

息。通过测定相关参数，如灰度、光密度、长度、数量、色度等进行定量分析。随着计算机图像处理技术的不断发展和完善，该方法已逐渐被科研和临床人员接受，其应用程度也越来越广。

第二节

计算机图像分析方法

一、图像分析的主要参数

国内外图像分析软件很多，精密度有所不同，常用的分析参数主要有两大类：几何参数与光度学参数。其中光度学参数是目前被普遍接受的免疫组化图像定量分析中应该选择的主要检测指标。光度学参数主要包括灰度（grey level）和光密度（optical density，OD），而光密度又包括平均光密度（average optical density，AOD）和积分光密度（integrated optical density，IOD）。

1. 灰度

灰度指图像各部分颜色的深浅程度，表示被摄物的亮度和重现图像亮度之间的关系的灰度等级。比较高级的图像分析仪可将灰度分成为 256 级，也有的只能将灰度分成 64 级，总之都是 $2n$，在一般组织学、组织化学、免疫组织化学和原位杂交等标本上，反应产物染色的深浅均可用灰度表示，它能将一张标本上不同染色深度区分为几十或更多的等级，这是人眼所不及的。

由于免疫反应产物在细胞内不一定是均匀分布的，在同一个细胞中就可产生各种灰度，这种情况有两类方法可供选用。一种是测每个细胞或一定面积范围内的平均灰度，近几年较新型的图像分析系统有此性能，而比较早期的或比较简单的图像分析系统就没有这种性能。例如，某一细胞在电视屏幕上占有 120 个像素，按灰度级进行测量后，也许 120 个像素中有十多种不同的灰度，分析仪可立即显示其平均灰度。另一种方法是测量反应产物不均匀的细胞中每一种灰度，再计算每一种灰度所占的百分比来表示。例如，你要观察 1000 个细胞，在这些细胞中各种灰度所占的百分比可测出，并作出曲线，或用其他统计学方法处理，进行比较。

2. 光密度测定

光密度又称吸光度（absorbance，A）。根据朗伯-比尔定律，光密度公式如下：$OD=\lg(I_0/I)=KCL$，其中 I_0、I 分别为入射光灰度值和出射光灰度值，K 为吸光系数，C 为被测物浓度，L 为被测物厚度。由此可见，OD 值与被测物质浓度关系密切，在切片厚度相同的情况下，OD 值与阳性物质的含量成正相关，物质浓度越高，对光线的吸收越多，OD 就越高，透射率就越低，图片上亮度就越暗，OD 也就越低。目前免疫组化最常用的底物是 DAB，染色呈棕黄色，颜色的深浅反映了 DAB 的沉积量，即反映了目标抗原的量。由公式可知，其大小不易受到光源亮度等因素干扰，与灰度值相比具有客观、可重复、可比性等优点。

光密度主要评价参数有平均光密度（AOD）和积分光密度（IOD），为图像中阳性区域内各像素点 OD 值的总和除以测量的面积。测量面积可以是阳性区域的总面积、阳性细胞的总面积、视野的总面积，计算得到的 AOD 分别表示阳性区域 AOD、阳性细胞 AOD 和视野 AOD。常用的 AOD 是阳性区域 AOD，反映了阳性区域表达部位光密度的平均值，表述的是被测个体的投影或截面内吸光物质的密度。

积分光密度为图像中阳性区域每一像素点 AOD 的总和，反映了阳性物质光密度和面积的综合变化，相当于阳性区域内阳性物质的总含量。积分光密度可以分为面积积分光密度（AIOD）和体积积分光密度（VIOD）。前者表示截面或投影内各像素点光密度值的总和，反映切片细胞截面内某种化学成分的总含量；后者表述以被测目标完整个体体积为单位的阳性物质的总含量。

光密度参数与人工分析的半定量染色评分相对应，量化的精确度大大提高。因此，光密度值是免疫组化定量分析中最常使用的参数。

3. 长度

形状不规则的线形组织结构，一般方法很难计算出其长度，如组织中的毛细血管、神经纤维、细胞超微结构中的各种膜性结构等，以往常用排列稀疏或密度集等词描述，图像分析仪则可测出各种图像周界线的长度。用免疫细胞化学法显示的神经纤维，在局部组织中可能出现纵横交错的复杂图像，用图像分析仪可获得单位面积内神经纤维的总长度。

4. 面积

无论是在光镜还电镜免疫细胞化学标本的观察中，都要涉及有关标本中某些结构的面积问题。即使是极不规整的结构，用图像分析法也容易算出其面积。在一定的放大倍数下，$1\mu m^2$ 中含多少像素可以测出，画出待测结构的轮廓，即可显示在所勾画的范围内的像素，可很快算出面积的数值。例如免疫电镜技术中的铁蛋白法、胶体金法等，可用上述方法进行单位面积中反应产物颗粒的计数，可进行各种实验条件的比较。

二、图像分析步骤

（一）图像采集

图像采集是将切片图像输入计算机的过程。获得清晰可靠的免疫组化图像是保证定量结果准确性的关键和前提，为此，必须正确调整图像输入的条件和状态。具体包括：

1. 仪器设置

（1）预热光源

显微镜光源的亮度对 CCD 摄像机摄取切片图像的质量有明显的影响，显微镜光源太亮或太暗都会导致所摄取的图像对比度差、图像不清晰，从而造成计算机难以对测试目标进行准确分割，直接影响图像的测量精度。采集图片之前，应使显微镜光源预热 20min 以上，使光源温度平衡，亮度稳定。光源亮度越强，受外界环境干扰越小，因此，在不影响图像清晰度的情况下，采集图像时尽可能把光源开亮一些。

（2）背底校正

由于图像源的光照不均匀，显微镜透镜组的球差、色差，样品背底各点的反射或透射强度不一等系统光路不均匀性，给测量带来了由于背底灰度不均匀而产生的误差，这些通常称为"阴影"，它会影响被测对象的数值。背底校正有助于补偿照明不均衡产生的变异，使光密度的测量更精确。阴影校正常采取测定空白部分数值（相片中的空白纸，切片中无标本的玻片部分），把它存入计算机，以便自动扣除校正。

（3）图像分析仪的灰度调试

摄入图像时要对视频输入通道的增益和偏移进行灰度校准。在进行灰度测量时，增益和偏移应设为一个定值。通常在正式批量采集图片之前应进行调试，将测试采集的图片转换为8位灰度图片，测量空白区域的灰度值，在220～240之间采集的图片效果较好，如果灰度值太高（＞250），则阳性区域接近背景颜色；灰度值太低或太暗会影响阳性区域的识别。

（4）其他设置

用图像分析仪进行免疫图像采集时，各种影响图像颜色深浅度的因素，都必须设为一个固定值，如曝光、分辨率、对比度等均改为手动调节且固定，以保证每次采图设置一致。在更换视野或切片时，除了对焦距这个操作外，其他所有的操作都不能有变化。

2. 定标

定标是指将不同倍率物镜下的每个像素点的实际长度分别测出，并作为它们的"标尺"存贮在计算机中以备使用。其方法是将已知长度的测微尺放在显微镜的不同倍率物镜下，通过摄像机将测微尺的图像摄入图像分析系统，计算机根据已知线段的长度换算出每个像素点所代表的实际长度。实际测量时，计算机根据目标所占据的像素点数乘以标尺长度进行计算，得出实际的绝对长度或大小。由于不同倍率的物镜所摄取的测微尺图像的大小不同，换算出来的每个像素点所代表的实际长度（标尺）也就不同。因此，测量前必须根据不同的倍率物镜选择对应的标尺，否则在计算测量参数绝对值时会出现令人难以置信的误差。值得注意的是，显微镜的放大倍数不仅与物镜倍率有关，而且与目镜的放大倍率以及物镜至目镜之间的距离有关。如果更换图像分析系统中的显微镜或更换不同倍率显微镜的物镜，均可出现图像放大倍率的变化，故必须重新进行"定标"的全过程。

（二）图像处理

在图像分析之前，需对图像进行预处理，在图像中减去背景色，将本底灰度设为零，对图像进行进一步的亮度、颜色、对比度的调整。然后对图像进行分割（即将免疫组化图像中阳性目标区从背景中分割出来），作为后续计算机测定对象。分割出来的图形或区域必须与原来的细胞或目标的大小及形态相吻合，其分割的好坏直接影响结果精准度。相对而言，医学图像分割有较多的研究。图像分析时首先要选择分割模式，然后选择分割方法。

1. 选择分割模式

图像分析软件带有 RGB（红、绿、蓝）颜色和 HSI（色度、亮度、饱和度）两种色彩的分割模式。RGB 适合于显示系统，但不适合于图像分割和分析，因为 R、G、B 3 个分量是与高度相关的，即只要亮度改变，3 个分量都会相应改变，而且，由于 RGB 是一种很不均匀的颜色空间，所以两种颜色之间的知觉差异（色差）不能表示为该颜色空间中两点间的距离，而利用线性或非线性变换，则可以由 RGB 颜色空间推导出其他的颜色特征空间。免疫组化实验图像一般选择 YSH 分割模式。HSI 彩色空间符合人的视觉特性，也利于图像处理。色度是色彩的明亮、深浅程度，它将颜色分为 256 个等级，通过人眼就可以确定阳性颜色的分割阈值，并借助于饱和度和亮度进行精细调节。无论采用哪种彩色模式，分割时三个分量都必须找阈值。要将图像分割文件的配置进行保存，保证所有图片的分割调节一致。

2. 图像分割取样方法

图像分割取样方法有自动分割法、半自动分割法和手工分割法。

（1）自动分割法

对于图像清晰度高、对比度强、靶细胞或目标较为分散又无明显粘连的情况，首选自动分割方法。其主要缺点是分割出来的图形有时与图像中原来的细胞或目标的大小及形态不完全吻合，容易导致较大的测量误差。

（2）半自动（取样）分割法

该法克服了自动分割法的上述缺点，分割时首先用鼠标点击图片中任意一个较为理想、典型和具有代表性的靶细胞或目标作为样板，计算机自动将选择的样本细胞的彩色模式分量值作为阈值，把所有等于此分量值的靶细胞或目标自动地用颜色分割出来，继续单击未着色的细胞或目标部分，直至所有需要测量的细胞或目标都着上颜色。如果分割出来的图形仍不理想，可将分割出来的图形扩大（膨胀）或缩小（腐蚀），以确保分割出来的图形完全等同于原靶细胞或目标的大小。

（3）手工分割法

如果全自动或取样分割都不适用，则采用手工分割的方法，即用鼠标把所需要测量的靶细胞或目标的轮廓用线条勾画出来。手工分割方法能按人的意愿进行分割，虽然较为准确但效率很低，适用于迫不得已或需测量很少的靶细胞或目标。

3. 图像分割具体方法

图像分割就是把图像分成若干个特定的、具有独特性质的区域并提出感兴趣目标的技术和过程。为了准确分析免疫组化彩色图像中不同的区域，图像分割是关键的一步，其结果影响后续定量检测的精确度。由于计算机图像分析技术与免疫组织化学所涉及的学科领域截然不同，各实验室的图像分析设备及测试人员的工作经验与采用的图像分析方法亦不同，使得应用计算机进行免疫组化图像定量分析时，缺乏统一的操作规程可遵循。目前彩色图像分割方法主要包括直方图阈值法、特征空间聚类法、基于区域的方法、边缘检测方法、模糊方法、人工神经网络、物理模型以及几种方法综合。

（1）直方图阈值法

直方图阈值法是灰度图像广泛使用的一种分割方法，它基于对灰度图像的这样一种假设：目标或背景内部的相邻像素间的灰度值是相似的，但不同目标或背景上的像素灰度差异较大，其反映在直方图上，就是不同目标或背景对应不同的峰。分割时，选取的阈值应位于直方图两个不同峰之间的谷上，以便将各个峰分开。

直方图阈值法不需要先验信息，且计算量较小。但是该法也存在如下缺点：①单独基于颜色分割得到的区域可能不完整；②在复杂图像的各个分量直方图中并不一定存在明显的谷，用来进行阈值化分割；③当像素颜色映射到 3 个直方图的不同位置时，颜色信息会发散；④没有利用局部空间信息。

（2）特征空间聚类法

特征空间聚类法不需要训练样本，是一种无监督的统计方法，它是通过迭代地执行分类算法来提取各类的特征值，其中 K-均值、模糊 C-均值等是最常用的分类方法。聚类分析不需要训练集，但需要事先确定分类个数，且初始参数对分类结果影响较大。另一方面，由于聚类也没有考虑空间信息，因而对噪声敏感。

（3）基于区域的方法

基于区域的方法包括以下三种类型：

① 区域生长、区域分裂、区域合并及两者的组合　区域生长的基本思想是将具有相似性质的像素集合起来构成区域，而区域分裂技术则是将种子区域不断分裂为 4 个矩形区域，直到每个区域内部都是相似的为止。区域合并通常和区域生长、区域分裂技术相结合，以便

把相似的子区域合并成尽可能大的区域。当图像区域的同一性准则容易定义时，则这些方法分割质量较好，并且不易受噪声影响。

区域生长的缺点是分割效果依赖于种子点的选择及生长顺序，区域分裂技术的缺点是可能会使边界被破坏。由于相似性通常是用统计方法确定的，因而这些方法对噪声不敏感。

② 分水岭分割法　在分水岭分割法中，需首先进行标记提取，然后对待分割图像的梯度信号使用分水岭算法来分割出已被标记的感兴趣的物体。而标记选取是分水岭算法的一个主要难点。

③ 基于随机场的方法　马尔科夫随机场（Markov random field，MRF）是图像分割中最常用的一种统计学方法，其实质是把图像中各个点的颜色值看成是具有一定概率分布的随机变量。从统计学的角度看，正确分割观察到的图像，就是以最大概率得到图像的物体组合；从贝叶斯定理看，是要求具有最大后验概率（maximuma posteriori，MAP）的分布。

与阈值法和聚类分析相比，由于基于区域的方法同时考虑了图像的颜色信息和空间关联信息，因此分割效果较好。

（4）边缘检测方法

边缘检测是灰度图像分割广泛使用的一种技术，它是基于在区域边缘上的像素灰度变化比较剧烈，试图通过检测不同区域的边缘来解决图像分割问题。在灰度图像中，边缘的定义是基于灰度级的突变，而且两个区域的边缘当亮度变化明显时才能被检测出来。在彩色图像中，用于边缘检测的信息更加丰富，如具有相同亮度、不同色调的边缘同样可以被检测出来，相应地，彩色图像边缘的定义也是基于三维颜色空间的不连续性。当区域对比明显时，边缘检测法分割效果较好，反之，较差。另外，边缘检测方法常和基于区域的方法相结合，以避免过分割和提高分割质量。

（5）模糊方法

在模糊集合中，图像的一个像素属于边界点或某个区域是用一个隶属度表示的，因此，这样就可避免过早地做出明确判断，以便为更高级的处理保留尽可能多的信息。模糊技术为处理图像中的不确定性问题提供了一种有效方法，但模糊运算需占用一定时间。

（6）人工神经网络

人工神经网络（artificial neural networks，ANN）因其具有并行处理能力和非线性的特点而特别适合于解决分类问题。神经网络方法的出发点是将图像分割问题转化为诸如能量最小化、分类等问题，即先利用训练样本集对 ANN 进行训练，再用训练好的 ANN 去分割新的图像。另外，由于神经网络中存在大量的连接，因此容易引入空间信息。ANN 的不足是需要大量的训练样本集，而且用现在串行的计算机去模拟 ANN 的并行操作，计算速度往往难以达到要求。

由于免疫图像的复杂性，往往一种分割方法不能满足图像分析的要求，可以将几种方法结合进行分析。如 OTSU（大津方法）是一种简单实用、自适应强的阈值自动选取方法，可以用来去除无关背景。K 聚类算法的特点是可以根据细胞的彩色信息对细胞进行分类，缺点是定位不好，处理的效果存在太多的细胞碎片和不完整的细胞，但是可以通过对其所筛选的细胞进行腐蚀去掉细胞碎片，获取细胞的种子。区域生长法的特点是在灰度图上具有很好的分割效果，且其算法根据种子进行分割，因而细胞图像定位好；缺点是只能基于灰度分割，无法依据彩色识别细胞的种类。可先通过大津方法去除彩色细胞图像的背景，再通过用

K 聚类分割对图像进行分类提取阳性细胞图，腐蚀提取阳性细胞的种子，依据种子区域生长实现阳性细胞的分割提取。

（三）图像测量

对分割出来的各种靶细胞或目标图形的缺陷，必须进行修饰，使其与原图像中的靶细胞或目标的大小及形状完全吻合，满足测量需要。经前期分割处理后，计算机即可对测量区域内的目标自动进行测量，高效、快速地获得准确的实验数据。国内外图像分析软件很多，精密度有所不同。如 Image-ProPlus（IPP）图像处理分析可对免疫组化标本做定量分析，如阳性细胞数目、阳性细胞比例、阳性面积、光密度、积分光密度。目前常用的分析参数主要有两大类：几何参数与光度学参数，其中光度学参数是目前被普遍接受的免疫组化图像定量分析中应该选择的主要检测指标。

（四）输出结果和计算

每例样本的测量结果是该样本全部切片的累计视野测量参数值的均数，从而保证测量结果的准确可靠。将测定结果输出，根据需要可再用统计分析软件分析其差异性。

第六章 | 原位杂交组织化学

原位杂交（in situ hybridization），也称为杂交组织化学或细胞学的杂交，是一种能够从形态学上证明特异性的 DNA 或 RNA 序列存在于制备的个别细胞、组织部分、单细胞或染色体中的技术。原位杂交技术的基本原理是：含有互补序列的标记 DNA 或 RNA 片段（即探针），在适宜的条件下与细胞内的 DNA 或 RNA 形成稳定的杂交体，然后再应用与标记物相应的检测系统，通过组织化学或免疫组织化学方法在被检测的核酸原位形成带颜色的杂交信号，在显微镜或电子显微镜下进行细胞内定位。这一技术为研究单一细胞中 DNA 和编码各种蛋白质、多肽的相应 mRNA 的定位提供了手段，使从分子水平研究细胞内基因表达及有关基因调控提供了有效的工具。

原位杂交可以分为染色体原位杂交和 RNA 原位杂交。染色体原位杂交是用标记的 DNA 或寡核苷酸等探针来确定目标基因在染色体上的位置。RNA 原位杂交是用标记的双链 DNA 或单链的反义 RNA 探针对组织切片或装片的不同细胞中基因表达产物 mRNA（或 rRNA）进行原位定位。

原位杂交是一种在分子水平上研究特定的核酸序列或基因定位以及基因表达调控的最直接有效的分子生物学技术，这一技术最初应用于动物染色体上的基因物理定位和特定 mRNA 在组织中的空间定位，后来又作为诊断工具检测感染病毒的细胞。20 世纪 80 年代后期，原位杂交开始应用于植物基因定位和表达调控的研究。目前，原位杂交技术已在医学方面广泛应用于遗传学、病毒学、神经内分泌学、病理学、免疫学、肿瘤学和发育生物学等各个领域。

第一节
原位杂交组织化学基本程序

原位杂交技术的基本程序包括组织取材与固定、组织切片的处理、杂交反应、杂交后处理、杂交体的检测。

一、组织取材与固定

（一）取材

为保证组织尽可能新鲜，要求取材迅速并及时进行后续处理。由于靶组织中的 RNA 极易被外源性 RNA 酶所降解而引起 RNA 的丢失，所用的器材、容器均须作无 RNA 酶处理，所有实验用玻璃器皿及镊子都应于实验前一日置高温（240℃）烘烤以达到消除 RNA 酶的目的。要破坏 RNA 酶，其最低温度必须在 150℃左右。塑料耗材可用经焦碳酸二乙酯（diethylprocarbonate，DEPC）浸泡处理后高压灭菌。此外，整个操作时应戴口罩和手套，以避免 RNA 酶污染等。

（二）固定

由于细胞内核酸酶的释放极易造成 DNA 或 RNA 的降解，从而导致杂交信号减弱，因此，必须进行有效的组织固定。原位杂交固定的目的是为了保持细胞形态结构，最大限度地保存细胞内的 DNA 或 RNA 水平，使探针易于进入细胞或组织。进行原位杂交时，固定剂的选择和应用应兼顾到三个方面：①保持细胞原有的结构；②最大限度地减少细胞内 DNA 和 RNA 的降解；③使探针易于进入组织和细胞内。DNA 比较稳定，而 RNA 极易被降解。因此，对于 RNA 的原位杂交，不仅固定剂的种类、浓度和固定时间十分重要，而且组织细胞取材后应尽快冷冻和固定。

1. 固定剂

化学固定剂有沉淀固定剂和交联固定剂两大类。常用的沉淀固定剂有乙醇、甲醇和丙酮等，乙酸-酒精的混合液和 Bouin's 固定剂也能获得较满意的效果。交联固定剂有多聚甲醛、戊二醛等，其中最常用的是多聚甲醛，它与其他醛类固定剂（如戊二醛）不同，不与蛋白质产生交联结构，因而不会影响探针对组织和细胞的穿透。一般认为，4% 多聚甲醛尤其对检测 mRNA 的组织固定较为理想，它既能有效地保存靶 RNA 的存在和组织的形态结构，又可使组织具有一定的通透性。

各种固定剂均有各自的优缺点，如沉淀性固定剂：酒精-乙酸混合液、Bouin's 液、Carnoy's 液等能为增加核酸探针的穿透性提供最佳条件，但它们不能最大限度地保存 RNA，而且对组织结构有损伤。戊二醛较好地保存 RNA 和组织形态结构，但由于和蛋白质产生广泛的交联，从而大大地影响了核酸探针的穿透性。

2. 固定

1）mRNA 的定位。将组织固定于 4% 多聚甲醛磷酸缓冲液中 1～2h，在冷冻前浸入 15% 蔗糖溶液中，置 4℃ 冰箱过夜，次日切片或保存在液氮中待恒冷箱切片机或振荡切片机切片。经固定和漂洗后的组织也可在 15% 蔗糖磷酸缓冲液中于 4℃ 下保存 1～2 个月。

2）组织也可在取材后直接置入液氮冷冻，切片后才将其浸入 4% 多聚甲醛约 10min，空气干燥后保存在 −70℃。如冰箱温度恒定，在 −70℃ 切片可保存数月之久不会影响杂交结果。在病理学活检取材时多用福尔马林固定和石蜡包埋，这种标本对检测 DNA 和 mRNA 有时也可获得杂交信号，但石蜡包埋切片由于与蛋白质交联的增加，影响核酸探针的穿透，因而杂交信号常低于冰冻切片。同时，在包埋的过程中可减低 mRNA 的含量。其他固定剂如应用多聚甲醛蒸气固定干燥后的冷冻切片也可获满意效果。

3. 组织标本制作

（1）玻片处理

玻片包括盖玻片和载玻片，应用热肥皂水刷洗，自来水清洗干净后，置于清洁液中浸泡 24h，清水洗净烘干，95% 酒精中浸泡 24h 后蒸馏水冲洗，烘干（烘箱温度最好在 150℃ 或以上）过夜，或用 1‰ 的 DEPC 浸泡过夜后高压灭菌烘干，以去除 RNA 酶。为防止切片脱落，可预先将载玻片用黏附剂包被，常用的黏附剂有明胶-铬明矾、APES（氨丙基三乙氧基硅烷）、多聚赖氨酸。将黏附剂预先涂抹在玻片上，干燥后待切片时应用。

（2）冰冻切片

切片时操作要戴手套，用 70% 酒精或 10% SDS 擦洗工作台、切片机刀架、摇柄和载物台以及其他器械等手常接触的都位，以尽量避免 RNA 酶的污染。冰冻切片是原位杂交最常用方法，新鲜组织取材后迅速骤冷，制成冰冻切片，冰冻切片至少要在 37℃下干燥 4h 或过夜后才能进行原位杂交。切片若长期不用，石蜡切片可在 4℃ 干燥环境下保存，冰冻切片及细胞标本在 -20℃条件下可保存 2～3 周，在 -70℃干燥密封条件可保存数月至 1 年。从冰箱中取出开封后，应在室温下回温 1h 以上或用吹风机吹干后使用。

切片厚度一般为 4～6μm，当靶组织中待测 mRNA 或 DNA 的量较少、所采用的原位杂交技术敏感性又较低时，为了增强局部信号，切片可厚至 10～15μm。

（3）石蜡切片

动物经 4％多聚甲醛溶液灌注固定后，迅速取下待检测组织，经其他固定液再固定，按常规石蜡切片步骤进行切片。石蜡切片要在 0.04％DEPC 水中展片和裱片，制成的石蜡切片置 37～42℃烤箱中过夜后方可进行原位杂交。经烤干的切片可在室温下保存。

（4）细胞标本

制作培养的细胞标本常用离心法。先将生长在培养瓶壁上的细胞用胰蛋白酶处理，制成 $1×10^5$/mL 个细胞的细胞悬液，经离心制成细胞离心标本，使细胞贴附于经处理的载玻片上，空气干燥 1～2min 后浸渍固定，再经 PBS 和蒸馏水漂洗后置 37℃ 干燥保存或在 70％酒精中 4℃保存，随时可用于原位杂交。如果细胞直接生长在载玻片或盖玻片上，则可将长有细胞的载玻片或盖玻片直接固定，然后用缓冲液漂洗，置 37℃温箱干燥 4h 以上，再进行原位杂交。

二、探针及标记

（一）探针的种类

探针有 3 种类型：DNA 探针、RNA 探针和寡核苷酸探针。

DNA 探针指长度在几百碱基对以上的双链 DNA 或单链 DNA 探针，这类探针多为某一基因的全部或部分序列，或某一非编码序列，这些序列必须是特异的。DNA 探针的优点是比 RNA 探针易制备，不易降解，易保存，而且 DNA 探针的标记方法较成熟，有多种方法可供选择，如缺口平移、随机引物法、RCR 标记法等，能用于同位素和非同位素。缺点是杂交前要变性，敏感性没有 RNA 高。

RNA 探针的主要优点是杂交前不需要变性，敏感性高，RNA-RNA 杂交体比 DNA-RNA 杂交体要稳定，杂交后可用 RNA 酶处理标本而本底较低。主要缺点是 RNA 不易制备，RNA 探针易降解，不易保存。

寡核苷探针是以核苷酸为原料，通过 DNA 合成仪人工合成，避免了真核细胞中存在的高度重复序列带来的不利影响。由于大多数寡核苷酸序列较短，不需要纯化，组织穿透性极好。根据目的基因的特异性序列设计的探针，特异性较强，成本低。合成的寡核苷酸探针的缺点是探针长度必须适宜，探针太长可造成内部错误配对杂交，探针太短可形成非特异性结合，它与 mRNA 形成的杂交体不如 cRNA-RNA 杂交体稳定，再则探针较短，所携带的标记物少，敏感性较低。

（二）探针的来源

1. 克隆分离

细胞内 DNA 经过限制性核酸内切酶酶切、电泳等方法筛选出所需要的片段，然后整合入质粒（或噬菌体），经克隆化，转染大肠杆菌扩增而获得大量所需要的核酸片段，也可以通过组织细胞分离提纯，分离出所需的特定 RNA 或 DNA 制备探针。另外，可以通过分离纯化蛋白，测定该蛋白的氨基或羟基末端的部分氨基酸序列，然后根据这一序列合成一套寡核苷酸探针。

2. 建立基因文库

将细胞全基因组 DNA 提取，通过超声波随机打断，或用限制性内切酶不完全水解，得到许多随机片段，从中筛选出所需要的片段。

3. 人工合成

人工合成寡核苷酸是根据已知的序列，利用 DNA 合成仪，依次加入相应核苷酸合成的，可以合成 50 个核苷酸以内的任意序列寡核苷酸片段作为探针。

4. 反向合成

利用反转录酶，以 RNA 作为模板，反向合成 DNA。

（三）探针的标记方法

探针标记物大致可分为同位素和非同位素两类，应根据具体要求（如敏感性、速度、分辨率和安全性）选择标记物。但是，这些因素有时是相互冲突的。一般将分辨率和敏感性作为主要因素来综合考虑。

1. 同位素标记

同位素标记物主要有 ^{32}P、^{35}S、^{3}H，它们都以不同的动能发射 β 粒子。灵敏度以 ^{32}P 最高，其次为 ^{35}S，最低为 ^{3}H。但 ^{3}H 具有高分辨率，其次为 ^{35}S。同位素标记的探针杂交后的检查使用放射自显影或照相底片感光获得。标记方法有缺口平移法，主要用于较长核苷酸；末端标记法适用于寡核苷酸探针的标记以及随机引物法。

不同同位素探针的穿透力、定位和半衰期各不相同，没有一种同位素具有穿透力强、定位好和半衰期长等所有优点。由于半衰期短、性能不稳定、污染环境和危害健康等原因，同位素标记法在 RNA 原位杂交中的应用已日趋减少。

2. 非同位素标记

常用非同位素标记技术有生物素、地高辛、碱性磷酸酶、辣根过氧化酶和荧光素。通过免疫酶促显色反应、免疫荧光反应或胶体金来检测信号。非同位素标记法又可分为直接标记法和间接标记法。直接标记法是将标记物直接结合到探针上，当探针与组织内相应靶核苷酸结合后，即可显色观察。以前因非同位素标记探针的敏感性和分辨率均比同位素标记探针差而较少使用。现在，非同位素标记探针不仅在精确定位方面达到或超过了同位素标记探针水平，而且还具有同位素标记探针所没有的优点。例如，免疫荧光系统可以多级放大，提高信号的检出率和信噪比；可与各种显微摄影技术（如共聚焦激光扫描显微镜、数字成像系统等）配合进行精确的比色定量分析；能使用两种以上的探针同时标记不同的靶 RNA 进行多色荧光原位杂交。另外，非同位素标记探针还有安全、保存时间长、操作方便等优点。

三、杂交前处理

杂交前处理的目的在于提高组织的通透性、增加靶核苷酸的反应性以及防止 RNA 或 DNA 探针与细胞、组织或载片之间的非特异性结合，从而增强信号、减低背景。杂交前处理的具体方法和步骤因所采用的固定剂、组织标本以及探针不同而异。用温和的非交联固定剂固定的细胞培养标本和冰冻切片，不需经特殊的杂交前处理，一般均能获得较好的杂交反应结果。而用交联固定剂固定的标本，尤其是福尔马林固定的石蜡切片，则需经杂交前处理才能获得较好的结果。

（一）增强组织通透性和探针穿透性

增强组织通透性常用的方法有：用稀释的酸洗涤、去垢剂（或称清洗剂）Triton X-100、酒精或某些消化酶（如蛋白酶 K、胃蛋白酶、胰蛋白酶、胶原蛋白酶和淀粉酶）处理。值得注意的是这些处理在提高组织通透性的同时，也会降低 RNA 的保存量并影响组织结构的形态，导致标本从载玻片上脱落，因此在用量和时间上应加以注意。

1. 去污剂处理

为了使杂交探针更易进入组织，可用去污剂处理以增加组织的通透性。常用去污剂为 Triton X-100，一般将切片浸入含 $0.2\% \sim 0.5\%$ Triton X-100 的 PBS 内处理 15min。

2. 蛋白酶处理

组织中的蛋白质被固定后，往往遮蔽了靶核酸，不易接触杂交探针，蛋白酶消化则能使其暴露，从而增加杂交探针与靶核酸的杂交反应性。最常用的蛋白酶是蛋白酶 K（proteinase K），其浓度及孵育时间视组织种类、固定剂种类、切片厚度而定，一般应用蛋白酶 K $1\mu g/mL$（于 0.1mol/L Tris，50mmol/L EDTA，pH 8.0 缓冲液中），37℃ 孵育 $15 \sim 30min$，以达到蛋白充分消化作用而不影响组织形态为目的。

蛋白酶消化处理后应及时用蛋白酶 K 抑制剂中止反应，通常是将标本置冰预冷的 PBS 中洗 10min，换液 $3 \sim 5$ 次，及在 0.2% 甘氨酸·PBS 中洗 5min×4 次，为保持组织结构，通常用 4% 多聚甲醛再固定 $3 \sim 5min$。石蜡切片在此之前必须先脱蜡，并经下行酒精入水。

（二）减低背景染色

1. 乙酸酐或稀酸处理

乙酸酐（acetic anhydride）可使组织蛋白中的碱性基团乙酰化，从而防止探针与组织中碱性蛋白之间的非特异性静电结合。所以，杂交前将标本经 0.25% 乙酸酐处 10min 可减低背景。也可用稀酸，即 0.2mol/L HCl 处理 10min，可使碱性蛋白变性，再经蛋白酶消化后易被消除，达到降低背景的目的。

2. 预杂交

预杂交（prehybridizaiton）也是减低背景染色的一种有效手段。预杂交液和杂交液的区别在于前者不含探针和硫酸葡聚糖。将组织切片浸入预杂交液中，在杂交温度下孵育 2h，可达到封闭非特异性杂交点的目的，从而减低背景染色。

3. 内源性生物素和酶活性的抑制

在进行非放射性原位杂交时，若用生物素、过氧化物酶或碱性磷酸酶做标记物，组织中的内源性生物素、过氧化物酶或碱性磷酸酶应事先予以阻断。

1）当对含有内源性生物素较丰富的组织（如肝和肾组织）用免疫细胞化学 ABC 法检测杂交反应时，标本可先用未标记的卵白素-生物素孵育以阻断内源性生物素。适宜的杂交前蛋白酶消化也有利于消除内源性生物素的干扰。

2）用 5％脱脂奶粉缓冲液稀释的未标记的亲和素孵育标本，可封闭内源性生物素，而减少非特异性染色。

3）内源性的过氧化物酶活性可通过将标本浸于含 1％ H_2O_2 的双蒸水或甲醇溶液中，室温孵育 30min 加以抑制。

4）碱性磷酸酶的活性可通过将标本浸于 20％乙酸（4℃）中 15s 或用 0.19％过碘酸淋洗加以阻断。

四、杂交反应及杂交后处理

1. 杂交前切片预处理

冰冻切片从 −80℃ 取出，恢复至室温，干燥后，用 3％多聚甲醛溶液（0.01mol/L pH7.4 PBS、0.02％ DEPC 水配制）固定 5min。PBS 洗 5min×3 次，2×SSC 洗 10min。滴加预杂交液，室温孵育 1h。

石蜡切片，二甲苯常规脱蜡，梯度酒精复水后，PBS 洗 5min×3 次，2×SSC 洗 10min。滴加预杂交液，室温孵育 1h。

2. 变性与杂交

进行杂交反应时，探针和靶核酸都必须是单链。如果用双链 cDNA 探针检测，则探针和靶核酸都必须先解链，也就是变性。探针变性后要立即进行杂交反应，不然解链的探针又会重新复性。

将生物素标记的双链探针杂交液滴在待检组织上，然后加盖经 250℃ 高温处理过的盖玻片，勿产生气泡，并在盖玻片周边用石蜡油封边（目的是防止探针和杂交液在杂交过程中蒸发），将含有探针的载玻片放入已经加热煮沸（95～100℃）的水浴箱的密封盒中（容器底部预先加入适量的蒸馏水）变性 5～10min。探针和靶 DNA 同时变性，变性的单链探针与靶 DNA 随即进行杂交反应。如果用单链探针与靶 DNA 进行杂交，虽然探针本身并不需要变性，但也可将探针加在组织标本上，用上述方法使靶 DNA 变性。变性完毕将切片放在冰块上迅速降温 1～2min，然后将切片移入湿盒内置 37℃培养箱杂交 60min。如有条件也可用原位杂交仪进行变性和杂交，先调整好原位杂交仪的变性、杂交时间和温度，将玻片放入杂交仪内进行变性杂交，当杂交仪升温至 95℃时即可进行变性，变性后温度迅速下降到 37℃时即可进行杂交反应。

3. 杂交后漂洗

其目的是去除未参与杂交体形成的过剩探针、消除与组织或细胞之间的非特异性结合的探针，从而提高反应的特异性，降低背景染色。

将杂交玻片从湿盒（或杂交仪）中取出，用 2×SSC（standard saline citrate，SSC）将盖玻片洗脱。2×SSC（在使用 RNA 探针时，含 20μg/mL RNAase）中 37℃洗 2 次，每次 15min×2 次；2×SSC 50％去离子甲酰胺 42℃洗 10min；1×SSC 50％去离子甲酰胺 37℃洗 30min×2 次，4×SSC 10mmol/L DTT 中洗 1h；0.1×SSC，37～40℃中摇洗 30min×2 次；TBS 缓冲液洗 10min 后再置于 PBS 中。注意在漂洗过程中不要使切片干燥。

4. 杂交信号的检测

探针与靶核苷酸结合形成杂交体，对其检测的方法因探针标记物不同而异，对同位素标记的探针，用放射自显影技术显示。常用的方法有两种，一种是应用 X 射线胶片覆盖组织切片，另一种则是将乳胶浮于杂交后的组织切片表面，经曝光、显影、定影和复染后，在显微镜下直接观察切片上细胞的标记状况。非同位素标记的探针，依标记物性质的不同，可分别用免疫组化和酶组织化学方法对标记物显色。当带有酶的抗半抗原抗体（或者抗生物素蛋白）通过搭桥（或直接）与探针连接后，催化底物混合液中的底物发生反应，使其产生有色沉淀物即为阳性反应。现在大多数的研究都是采用碱性磷酸酶和辣根过氧化物酶与抗半抗原抗体（或抗生物素蛋白）连接进行检测。在切片组织上滴加碱性磷酸酶标记的链菌素溶液，室温孵育 $20\sim40min$，TBS 缓冲液洗 3 次 $\times5min$，加入 BCIP/NBT 室温暗处显色 $10\sim30min$，TBS 缓冲液洗，0.1%核固红复染切片 5min，蒸馏水冲洗，酒精脱水，中性树胶封片。

5. 杂交结果

DNA 原位核酸分子杂交阳性反应为靶基因存在的部位，一般在细胞核内，呈紫蓝色颗粒状，若靶基因数量多或显色时间长，则整个细胞核呈浓染蓝色，阴性细胞核呈红色。

6. 影响杂交效果的因素

杂交反应是标记的核酸探针在适当条件下按照碱基互补原则与组织细胞内靶核苷酸互补结合、形成杂交体的过程，是原位杂交中关键而重要的一步。影响杂交效果的主要因素有以下几个方面。

（1）探针浓度

一般而言，杂交速率随探针浓度增加而增加，在较宽的范围内，灵敏度也随探针浓度增加而增加。^{32}P 标记的探针杂交时，其灵敏度在 $1\sim100ng/mL$，非放射性标记的探针为 $25\sim100ng/mL$，当超过一定浓度后其敏感性并不增加，只会增加背景。最佳探针浓度则是能获得最强信号而产生很低背景的浓度。探针在不同组织和用不同方法制备的标本上的穿透作用不同，所需要的最佳浓度也会有差别。最佳的探针浓度要通过试验来确定。

放射性标记的 dsDNA 或 cRNA 探针，建议其浓度在 $2\sim5ng/\mu L$。生物素标记探针，浓度在 $0.5\sim5ng/\mu L$。具体浓度应依实验需要而定。此外，杂交液的量也要适当，一般以$10\sim20\mu L$/切片为宜。杂交液过多不仅造成浪费，而且会导致背景染色深，且常易致盖玻片滑动脱落。

（2）探针长度

探针的长度是影响探针弥散穿透速度的主要原因，一般以 $100\sim200$ 个碱基为宜，但 $200\sim500$ 个碱基的探针仍可使用。探针过长，虽可提高其杂交强度，但由于其穿透力的降低而使得靶核酸的检测变得困难。所以，若探针超过 500 个碱基时，最好在杂交前用碱或水解酶进行水解，以使其变成所需碱基数的短片段，而后使用。探针短，易于进入细胞，杂交效率高，反应时短。但若过短，虽可提高组织穿透力，但产生的杂交信号会比长探针的为弱。

（3）杂交温度和时间

DNA 或 RNA 需加热变性、解链后才能进行杂交。能使 50% 的核苷酸变性解链所需的温度，叫解链温度或融解温度（meltingtemperature，T_m）。原位杂交中，多数 DNA 探针需要的 T_m 是 90℃，而 RNA 则需要 95℃。这种高温对保存组织形态完整和保持组织切片黏附在载玻片上是不可能的。因此，在杂交的程序中常规的加入 30%～50% 甲酰胺（for-mamide）于杂交液中以减低杂交温度。据报道，反应液中每增加 1% 的甲酰胺浓度，T_m 值可降低 0.72℃。加之盐等其他因素对 T_m 调节作用，实际采用的原位杂交的温度在 30～

60℃，根据探针的种类不同，温度略有差异，RNA 和 cRNA 探针一般在 37～42℃，而 DNA 探针或细胞内靶核苷酸为 DNA 的，则必须在 80～95℃加热使其变性，时间 5～15min，然后在冰上搁置 1min，使之迅速冷却，以防复性，再置入盛有 2×SSC 的温盒内，在 37～42℃孵育杂交过夜。杂交的时间如过短会造成杂交不完全，而过长则会增加非特异性染色。

（4）杂交严格度

杂交条件的严格度表示通过杂交及冲洗条件的选择对完全配对及不完全配对杂交体的鉴别程度。错配对杂交的稳定性较完全配对杂交体差，因此，通过控制杂交温度、盐浓度等，可减弱非特异性杂交体的形成，提高杂交的特异性。所以，杂交的条件愈高，特异性愈强，但敏感性降低，反应亦然。一般来说，低严格度杂交及冲洗条件 T_m 在 35～40℃，高盐或低甲酰胺浓度。在这种条件下，大约有 70%～90% 的同源性核苷酸序列被结合，其结果是导致非特异性杂交信号的产生。中严格度，T_m 在 20～30℃。高严格度 T_m 在 10～15℃，低盐和高甲酰胺浓度，该条件下只有具有高同源性的核苷酸序列才能形成稳定的结合。

（5）杂交液

杂交液是由探针、高浓度盐、甲酰胺、硫酸铵、硫酸葡聚糖、牛血清白蛋白（BSA）及载体 DNA 或 RNA 组成。杂交液中含高浓度的 Na^+ 可使杂交率增加，还可减低探针与组织标本之间的静电结合。硫酸葡聚糖在杂交液中占 10% 左右，它是一种大分子的多聚胺化合物，具有极强的水合作用，因而能大大增加杂交液的黏稠度。硫酸葡聚糖的主要作用是促进杂交率，特别是对双链核酸探针。甲酰胺除了调节杂交反应温度，避免高温对组织的破坏，还可防止在低温时非同源性片段的结合。但甲酰胺会破坏氢键，从而具有一种不稳定的作用。牛血清白蛋白和载体 DNA 或 RNA 可阻断组织内的非特异性反应，降低背景。

7. 实验对照

为检查实验结果的准确性和阳性结果的特异性，在原位杂交实验中同样要设定对照组。

（1）阳性对照

用已知含靶核酸序列的组织作对照，结果应为阳性。

（2）阴性对照

为排除非特异性信号导致的假阳性，每次实验均应设阴性对照。

组织对照：用已知不含待测靶核酸序列的组织作对照，杂交结果应为阴性。

探针对照：用无关的探针与被检组织杂交，结果应为阴性。

杂交对照：用不含探针的预杂交液进行杂交，结果应为阴性。

检测对照：可省去检测反应中的一个或几个步骤，也可用缓冲液（如 PBS）代替检测系统的某一特异性试剂，其结果应为阴性。

第二节
地高辛标记探针原位杂交方法

一、所需试剂和溶液

1）缓冲液Ⅰ、Ⅱ、Ⅲ、Ⅳ。

2）0.1mol/L Tris-HCl。

3）0.05％Triton X-100·0.1mol/L PBS。

4）0.2％DEPC。

5）4％多聚甲醛·PBS。

6）20％乙酸。

7）0.5～1μg/mL 蛋白酶 K·0.1mol/L Tris-HCl·50mmol/L EDTA 缓冲液（pH 8.0）。

8）0.2％甘氨酸·PBS。

9）杂交液的配制　将预先配好的杂交缓冲液加热至 50℃，使其充分溶解后加入鲑精 DNA 及变性的探针分子，成为杂交液，置 95℃ 10min 后，迅速移至冰浴中 15min。

10）2×SSC，0.5×SSC。

11）酶标地高辛抗体。

12）显色液。

二、操作步骤

1. 杂交前

1）器械、试剂和溶液进行消毒处理，以消除 RNA 酶。

2）杂交时，石蜡切片脱蜡入水。

3）漂洗，0.1mol/L PBS 3min×2 次，0.2％ DEPC 1min。

4）4％多聚甲醛·PBS，室温固定 5min。

5）0.1mol/L PBS，洗 3min×2 次。

6）浸入 20％乙酸，4℃，15s，以灭活内源性碱性磷酸酶和过氧化物酶（若以亲和素显示，则浸入 2％BSA·缓冲液，5min）。

7）0.1mol/L PBS，3min×2 次，0.2mol/L HCl，室温 20min，以使碱性蛋白变性，加之蛋白酶消化，易于去除碱性蛋白。

8）0.1mol/L PBS，3min×2 次。

9）0.05％ Triton X-100·0.1mol/L PBS，室温 10～15min。

10）于 37℃下，用 0.5～1μg/mL 蛋白酶 K·0.1mol/L Tris-HCl·50mmol/L EDTA 缓冲液（pH 8.0）消化 15～20min，以充分消化蛋白而又不影响组织形态（蛋白酶 K 的浓度和消化时间可通过预实验确定。若用福尔马林固定的石蜡切片，可用 1～3μg/mL 浓度的蛋白酶 K，固定过分的石蜡切片也可用 5μg/mL 蛋白酶 K 或延长消化时间）。

11）入 0.2％甘氨酸·PBS，5min，终止消化。

12）4％多聚甲醛磷酸盐缓冲液，固定 3min。

13）0.1mol PBS，3min×2 次后，入新鲜配制的 0.25％乙酸酐、0.1mol/L 三乙醇胺，10min，以降低静电效应，减少探针对组织的非特异性背景染色。

14）75％、85％、95％、100％乙醇各 3min 并适当振动，室温下干燥，置入盛有 2×SSC 的湿盒内。

2. 预杂交与杂交

1）于每张切片标本上滴加预杂交液 20μL，于湿盒内 42℃下预杂交 0.5h。

2）每张切片滴加杂交液 10～20μL，加盖硅化盖玻片，置于盛有 2×SSC 的湿盒内，

42℃过夜（16～18h）。

3）说明如下。

杂交温度：DNA-DNA，37℃；DNA-RNA，42～44℃；RNA-RNA，48～50℃。

杂交时间：DNA 探针一般为 16h（过夜）或 1 天，也可延长至 24～40h；RNA 探针一般为 3h，也可延长至 16h；寡核苷酸探针 1～3h。

3. 杂交后处理

1）于 2×SSC 液内振动，以移除盖片。

2）漂洗　2×SSC 中，55℃ 10min×2 次，0.5×SSC 中，55℃ 5min×2 次。

3）缓冲液Ⅰ浸泡 1min，以洗去未杂交的探针。

4）缓冲液Ⅱ（阻断剂与缓冲液Ⅰ以 1∶9 配用），于 37℃ 浸泡 30min。

5）缓冲液Ⅰ浸泡 15min。

4. 显示

1）酶标地高辛抗体（用缓冲液Ⅰ稀释）37℃，孵育 30min。

2）缓冲液Ⅰ室温下洗 15min×2 次。

3）缓冲液Ⅲ洗 2min。

4）于每张切片滴加显色液 20～30μL，置暗处显色 30～60min 后，镜检其显色情况，以决定延长或终止反应。

5）缓冲液Ⅳ中 10min 终止反应。

6）1% 苏木精或 1% 亮绿，复染 10～60s。

7）明胶甘油封片，或梯度酒精脱水，二甲苯透明，树胶封片。

第二篇　组织切片技术实验

实验一

涂布法——鱼血涂片

一、实验原理

碱性染料美蓝（methvlem blue）和酸性染料黄色伊红（eostm Y）合称伊红美蓝染料，即瑞氏（美蓝-伊红 Y）染料。伊红钠盐的有色部分为阴离子，无色部分为阳离子，其有色部分为酸性，故称伊红为酸性染料。美蓝通常为氯盐，呈碱性，美蓝的中间产物结晶为三氯化镁复盐，其有色部分为阳离子，无色部分为阴离子，恰与伊红钠盐相反。

二、用具及药品

滴管，载玻片，大号培养皿，特种铅笔，药棉，重蒸馏水或 pH6.5～7.0 的磷酸缓冲液，瑞氏（Wright）染液（配法：0.1g 瑞氏染色粉，溶解于 60mL 纯甲醇中）。

三、材料

四大家鱼或鲫鱼。

四、实验步骤

（1）采血

用解剖刀或解剖剪去掉鱼尾放血。将流出的第一滴血用药棉擦去不要。若血流不畅，可用手轻轻挤压。鱼血凝固较快，因此操作要迅速。

（2）涂片

取一张洁净的载玻片，将鱼血滴在玻片左端。另用一边缘光滑的洁净玻片，以其末端边缘置于血滴右缘，然后稍向后退，血液就充满在两玻片的斜角中，再以 40°角向右方拖动，作成血液薄膜。拖动时用力不能太大，要均匀并保持一定的速度，过慢则涂片较厚或凝固。注意，不能在同一张片子上涂第二次。

（3）染色

待涂片稍干后，加数滴瑞氏染液在血膜上，使染液将血膜完全淹没，用培养皿盖上，以防蒸发。2min 后，一滴滴加上等量的重蒸水或缓冲液，使之与染液均匀混合，静置 2～4min。用滴管吸蒸馏水，将多余染液慢慢冲去，即可观察。

（4）封藏

涂片完全干燥后，可用中性树胶或浓香柏油封藏保存。

五、结果

红细胞染成粉红色或橘黄色；白细胞的核为蓝紫色。

实验二

贝类外套膜石蜡制片——苏木精伊红染色法

一、实验原理

构成生物体的细胞是多种多样的，要对细胞进行研究，必须从其形态结构入手。无论是单细胞生物还是多细胞生物的显微结构都必须用显微镜观察，在观察之前又必须对材料进行染色等处理。染色的方法很多，本实验采用苏木精伊红染色法（HE 染色），氧化苏木精为碱性染料（含阳离子），伊红为酸性染料（含阴离子），细胞被染色后，细胞核含酸性物质，易与碱性染料中的阳离子结合，细胞核被染上蓝色；细胞质含碱性物质，易与酸性染料中的阴离子结合，细胞质被伊红染上粉红色。

二、用具及药品

薄而锋利的开贝刀，解剖刀，解剖镊，解剖针，双面刀片，培养皿，青霉素小瓶，染色缸，光滑而坚硬的纸，切片机，恒温箱，酒精灯；Carnoy 氏固定液，Ehrlich 氏苏木精染液，0.5%～1%伊红酒精溶液（95%酒精配制），1%盐酸酒精溶液（70%酒精配制），各级浓度酒精，二甲苯，甘油蛋白粘片剂，蒸馏水，中性树胶，0.1%氨水溶液。

三、材料

文蛤或其他双壳类的外套膜。

四、操作步骤

（1）取材

把开贝刀从两贝壳间插入，割断闭壳肌。打开贝壳后，选定并迅速粗略地割取所需的外套膜区域，每次割取的面积不要太大，一般不超过 10mm×10mm。

（2）固定

迅速将割取的外套膜片段投入盛有固定液的培养皿中，加盖，预固定 10～20s。然后，用双面刀片将初步硬化的外套膜片段分割成 3～5mm 的小片，置于青霉小瓶中，继续固定 40min，更换固定液一次。

（3）脱水

材料固定好后，倒尽小瓶中的固定液，加纯酒精脱去组织中剩余的水分。该步骤约 30min，其间换液一次。要注意时常轻轻摇动小瓶。

（4）透明

纯酒精和二甲苯等量混合液，15min；二甲苯 0.5h（或至透明为止），须换一次。

（5）浸蜡

在 40℃左右恒温箱中，二甲苯和石蜡各一半，15min；两份石蜡和一份二甲苯（2：1），15min；在 60℃恒温箱中纯石蜡 120min，换三次，每次 40min。

（6）包埋

用光滑而坚韧的白纸或棕色纸，折成适当大小的纸盒。在纸盒的耳翼上用铅笔写明材料名称、固定液、日期和姓名。放在包埋台上，倒入熔化的石蜡。然后，将镊子或解剖针在酒精灯上略热，把材料轻轻拨到纸盒内的石蜡中，再将解剖针在火焰上加热，把材料安放整齐。待盒内石蜡表面刚凝固时，即迅速将纸盒放入冷水中（室温高时加冰块）使其迅速凝固。在冷水中放置1h左右取出，将纸盒拆除。

（7）蜡块的切割与修整

用刀片沿四周往返切割数次，逐渐将蜡块分裂。注意切割时不能用力过猛，否则，会造成蜡块不规则地断裂，常常将材料也裂开，不能切片，整个工作就前功尽弃。然后，切去材料边缘多余的蜡，只留约1~2mm的边缘。相对的两边要平行。将修整好的蜡块粘在台木上。粘时用烧热的镊子或旧解剖刀使台木上的蜡熔化，然后将蜡块粘上，蜡块周围再放一些碎蜡，用热镊子或解剖刀熔化，使蜡块粘接更牢固些。

（8）切片

用切片机将蜡块切成薄片，所切薄片相互之间连成蜡带。切片厚度一般以 $7\mu m$ 为宜。

（9）贴片

首先用刀片将蜡带分割成一定大小的片段，一般蜡带所占面积应小于盖片。然后取一擦拭干净的载玻片，在上面滴一小滴甘油蛋白粘片剂，用清洁的小手指将粘剂涂成均匀的薄层，再在上面加数滴蒸馏水，用小镊子将分割好的蜡片带移到水面上。手拿载玻片在酒精灯的火焰上来回晃动加热，蜡带即徐徐展开。倾去蒸馏水，用镊子或解剖针把蜡带的位置移正，再用吸水纸把蜡带周围的水分吸尽，又将载玻片在酒精灯的火焰上来回晃动，烤干剩余的水分。最后，将玻片放置在片架上，置于40℃烘箱中过夜。

（10）脱蜡复水

将烘干的玻片置于二甲苯中40min（约25℃），换一次（若室温偏低湿度较大，要将二甲苯加温到40℃左右）→二甲苯纯酒精（15min）→纯酒精Ⅰ（5min）→纯酒精Ⅱ（5min）→95%酒精（5min）→85%酒精（5min）→70%酒精（5min）→50%酒精（5min）→蒸馏水。

（11）染色

切片入Ehrlich氏苏木精染液（20~30min）→自来水洗、镜检→酸酒精中分色数秒、镜检（若染色适度，此步可略）→自来水洗→氨水中"蓝化"3~4s→蒸馏水中漂洗2min→70%酒精（5min）→85%酒精（5min）→伊红酒精染液（3~5min）→95%酒精（过一下）→纯酒精Ⅰ（5min）→纯酒精Ⅱ（3min）→二甲苯纯酒精（5min）→二甲苯Ⅰ（5min）→二甲苯Ⅱ（5min）→封藏。

（12）封藏

将玻片从二甲苯中取出，用小滤纸吸去玻片面和表面的二甲苯，注意动作要快，样品周围要留少许二甲苯。然后滴一滴中性树胶在样品所在区域，用镊子夹住清洁的盖玻片在酒精灯火焰上过一下，迅速把盖玻片的一端斜靠在树胶滴上，然后再慢慢放下，确保不产生气泡，可将玻片在酒精灯火焰上来回过几下，消除小气泡并使多余的二甲苯挥发掉。最后将封藏好的玻片放在40℃恒温箱中烤干。

五、结果

细胞核蓝色，细胞质粉红色；细胞质中的颗粒染成不同程度的棕色或其他颜色。

实验三
鱼肠石蜡制片Mallory氏三色染色法

一、实验原理

　　三色法染色中含有酸性品红、苯胺蓝及橘红 G 三种染料，酸性品红、苯胺蓝和橘红 G 都是酸性染料。酸性品红是良好的细胞浆染色剂；苯胺蓝用于动物组织中的对比染色，能显示细胞质、神经轴等，是良好的细胞质染色剂，在动物制片上应用很广，在植物制片上用来染皮层、髓部等薄壁细胞和纤维素壁，与甲基绿同染，能显示线粒体。

　　组织切片在染色前先浸在带酸性的水中，可增强其染色力。酸性品红容易跟碱起作用，所以染色过度，易在自来水中褪色。

二、用具及药品

　　用具与贝类外套膜制片法相同。0.8％生理盐水，Bousin 氏固定液，染色液 A（1％酸性品红，用时以蒸馏水稀释 10 倍），染色液 B（配法：水溶性苯胺蓝 0.5g，橘红 G 2.0g，草酸 2.0g），1％磷钨酸或磷钼酸水溶液。

三、材料

　　鲫鱼或其他鱼的肠道。

四、操作步骤

　　(1) 取材

　　用解剖剪从腹部至脊椎剪开一侧，取出鱼肠，然后放入盛有生理盐水的培养皿中荡洗，动作要快。

　　(2) 固定

　　将鱼肠放入盛有 Bousin 氏固定液的培养皿中预固定 20s 左右，待组织硬化，即可剪成 5mm×3mm 的长方形条，然后放入青霉小瓶中 Bousin 氏液固定 24～48h。

　　(3) 脱水

　　70％、85％、95％、纯酒精各 0.5h（其中纯酒精两次，每次 0.5h）。

　　(4) 透明

　　纯酒精二甲苯等量混合液，15min；二甲苯 0.5h（或至透明为止），须换一次。

　　(5) 浸蜡、包埋、切片、贴片

　　与外套膜制片法相同

　　(6) 染色程序

　　脱蜡及复水（与外套膜制片法相同）→染色液 A5min→不洗或快洗于蒸馏水→1％磷钨酸（或磷钼酸）水溶液 2min→染色液 B15min→蒸馏水中快洗→直接入 95％酒精中分化 1～2min→纯酒精Ⅰ及纯酒精Ⅱ各 3min→纯酒精与二甲苯等量混合液 3min→二甲苯 5min。

　　(7) 封藏

　　同外套膜制片法。

五、结果

细胞核，蓝色；胶原纤维，蓝色；肌肉层，橘黄色。

实验四
T细胞表面分子CD3的检测

一、实验目的

1）掌握免疫技术基本原理。
2）掌握检测 T 细胞表面分子 CD3 的实验原理及检测方法。
3）掌握 SABC 免疫放大技术原理。

二、实验原理

本实验以酶免疫组化技术检测 CD3，以亲和素-生物素-过氧化物酶（ABC 或 SABC）技术检测 T 淋巴细胞亚群为例，验证酶免疫组织化学技术检测组织抗原。生物素-亲和素放大技术是一种以生物素（biotin，B）和亲和素（avidin，AV）具有多级放大结合特性为基础的实验技术，它既能偶联抗原、抗体等大分子生物活性物质，又可被荧光素、酶、放射性核素等材料标记，与标记免疫技术有机结合，极大提高了分析测定的灵敏度。

实验过程：预先按一定比例将亲和素（或链霉亲和素）与酶标生物结合，形成可溶的亲和素（或链霉亲和素）-生物素-过氧化物酶复合物（ABC 或 SABC）。当其与检测反应体系中的生物素化抗体（直接法）或生物素化二抗（间接法）相遇，ABC（或 SABC）中未饱和的亲和素结合部位就可与抗体上的生物素结合，使抗原-抗体反应与 ABC（或 SABC）标记体系连成一体进行检测。在该实验中，将分离得到的淋巴细胞制成涂片，加入 CD3 单克隆抗体与待检细胞结合，再用生物素化抗鼠 IgG 检测 CD3 单抗与待检细胞结合情况，最后加入链霉亲和素-生物素-过氧化酶（ABC 桥联法），与生物化抗鼠 IgG 结合，酶遇到底物时，能催化底物产生有色不溶性物质。根据细胞着色情况即可判断 CD3 阳性和阴性细胞。

三、实验试剂

1）5％BSA。
2）抗 CD3 单克隆抗体。
3）生物素化羊抗鼠 IgG（二抗）。
4）链霉亲和素-生物素-过氧化物酶（SABC）。
5）3,3-二氨基联苯胺（DAB）。
6）0.01mol/L pH7.2 PBS。
7）丙酮。
8）玻片、显微镜、吸水纸。

四、实验材料

淋巴细胞分离液。

五、实验步骤

1）无菌采集静脉血 3mL/2 人，注入盛有肝素的无菌试管中（肝素浓度为 20U/mL 全血），立即摇匀，使血液抗凝，制得抗凝血。

2）用无菌吸管加入等体积（3mL）的室温 PBS 液，使血液等倍稀释。

3）取 10mL 试管 2 支，分别加入 1.5mL 淋巴细胞分离液（Ficoll），将离心管倾斜 45°，在距分层液界面上 1cm 处将稀释血液沿试管壁缓慢加至分层液上面，每管 3mL，注意保持两者界面清晰，勿使血液混入分层液内。

4）2000r/min 离心 30min，离心后另取 1 只 10mL 试管，加入 6mLPBS 液，用毛细吸管轻轻插到白膜层，吸取淋巴细胞层至此试管中，1500r/min 离心 10min 洗涤 2 次。

5）第 2 次洗涤后弃去上清，用移液器将沉淀细胞和试管壁所剩 PBS 液（约 200μL）混匀，吸取 20μL 细胞悬液于洁净载玻片上，制成涂片，自然干燥。

6）纯丙酮固定 20min，双蒸水洗去多余丙酮，自然干燥。

7）在标本处滴加 5％BSA 封闭液 50μL，室温封闭 10min，甩去多余液体，不洗。

8）滴加鼠抗人 CD3 单抗 50μL，置湿盒中 37℃作用 1h。

9）PBS 洗 3 次，每次 2min，用吸水纸将细胞周围擦干。

10）加 B-山羊抗小鼠 IgG 抗体 50μL，置湿盒中 37℃作用 20min。

11）重复 9）。

12）加 SABC 50μL，置湿盒中 37℃作用 20min。

13）重复 9）。

14）加 DAB 50μL，室温 10～13min，双蒸水洗。（DAB 需现配现用，即将 A、B、C 液各 1 滴加入 1mL 双蒸水混合）

15）加苏木精染液复染 30s。

16）加盖玻片镜检。

六、实验结果

阳性细胞染成棕黄色，阴性细胞为淡紫色，计数 100 个细胞，并计算出阳性细胞百分比。

七、思考题

1）影响酶免疫组织化学技术的因素有哪些？

2）除了用 ABC 法技术外，还有哪些方法可用于检测 T 淋巴细胞亚群？

实验五

水产动物肠道琥珀酸脱氢酶定位——冰冻切片

一、实验目的

1）掌握冰冻切片方法。

2）掌握琥珀酸脱氢酶检测原理。

二、实验原理

琥珀酸脱氢酶（succinic dehydrogenase，SDH）是线粒体呼吸链的第一个酶，最后一个酶是细胞色素氧化酶。SDH 是脱氢酶中最重要的酶，它存在于所有有氧呼吸的细胞内，和线粒体内膜紧密结合，其活性反映三羧酸循环的情况，故为三羧酸循环的标志酶，也为线粒体的标志酶。该酶最适 pH 为 7.6～8.5。此酶对固定剂敏感，故需要新鲜组织切片。

反应原理：以琥珀酸为底物，在酶作用下脱氢，人工合成的硝基蓝四唑为受氢体，其接受氢后被还原为甲䐶，呈蓝紫色。

三、实验试剂

（1）孵育液

0.1mol/L 琥珀酸钠

0.1mol/L PB（pH7.6）	5mL
硝基四氮唑蓝（NBT）	10mg
二甲亚砜（DMSO）	5mL

NBT 先溶于 DMSO 中，然后加入到琥珀酸钠和 PB 溶液中去。

（2）10%福尔马林。

四、实验材料

水产动物（如鱼、虾等）肠道。

五、实验步骤

（一）肠道冰冻制片（冷冻切片机 CM1950）

（1）开机和温度设定

利用主机右侧开关开启电源，用箱体温度设置按钮将切片机温度设置到切片所需温度，同样设置样品头温度（冷冻箱温度 $-20 \sim -25℃$，冷冻箱和冷冻头温度分别为 $-27℃$、$-21℃$）。温度过低会导致组织块过硬，切片碎裂，出现梯田状厚薄不均或空洞；反之，温度过高，组织块硬度不够，切片不易成形或成皱褶。可根据实际情况调节冷冻箱和冷冻头温度。

（2）取材

为新鲜组织不能取太大和太厚，用纱布和滤纸擦干直接取材（24mm×24mm×2mm）。

（3）包埋

从冷冻箱中取出样品托，放平摆好组织，周边滴上包埋剂，速放于速冻架上冰冻。小块组织可先滴上包埋剂冷冻形成一个小台后（约 30s）再放上组织，滴上包埋剂放速冻架冷冻。

（4）修块

将冷冻好的组织块夹紧于切片机的样品头上，调整切片厚度，启动粗进退键，转动手轮，将组织修平。

（5）切片

调好预切厚度，切片厚度 $6\sim8\mu m$。

（6）调节防卷板

防卷板的调节在冰冻切片中尤为重要，要使得切出的片子能顺利通过刀与防卷板间的通道，平整地躺在持刀器的铁板上。

（7）贴片

当切好片子后，可将防卷板抬起，用干净的载玻片将其附贴上即可。

（二）染色

1）0.1mol/L PBS 洗 3 次，每次 5min。

2）固定后的组织，37℃暗处孵育 10～40min，未固定的组织则在 4℃下孵育 1～2h。

3）0.1mol/L PBS 洗 5min。

4）于 10％冷福尔马林中固定 10min。（可省略）

5）甘油明胶封片。

（三）对照

1）孵育液内除去底物，加入等量双蒸水，同时孵育，应为阴性结果。

2）切片经 10％福尔马林中浸泡 30min～1h，再孵育，结果为阴性。

六、实验结果

酶活性部位显蓝色二甲䐀沉淀，活性较低时形成紫红色单甲䐀沉淀。

实验六

鱼类性腺GnRH受体免疫组化定位

一、实验目的

1）掌握免疫组织化学技术。

2）GnRH 受体组织免疫定位的方法。

3）掌握链霉菌亲和素-过氧化物酶链接法染色原理。

二、实验原理

链霉菌亲和素-过氧化物酶链接法染色（streptavidin-peroxidase conjugated method，简称 SP 法）原理是将多个抗鼠和抗兔 IgG 分子与辣根过氧化物酶结合形成聚合物，以代替传统方法的二抗和三抗，直接与特异性第一抗体结合，从而放大了抗原抗体结合的信号，使检测变得简单而且敏感性增加。经 DAB 显色即可完成染色，其他染色步骤与 SABC 法相同。

三、实验试剂及耗材

1）Bouin 氏液固定液（饱和苦味酸，甲酸，冰醋酸）。

2）一抗（羊抗 GnRH 受体多克隆抗体）。

3）正常山羊血清。

4）生物素化二抗 Bio-IgG。

5）山羊 SP 即用型检测试剂盒。

6）DAB 显色试剂盒。

7）0.01mol/L pH 7.2 PBS。

8）甲醇-H_2O_2。

9）乙醇。

10）0.1mol/L PBS。

11）玻片、显微镜、吸水纸。

四、实验材料

鱼类性腺。

五、实验步骤

1）取材和固定：将鱼性腺取出，剪成小块后用 Bouin 氏液固定液固定 24h。

2）脱水：将固定好的材料经酒精梯度脱水。75％酒精（5min×3 次）→80％酒精（5min×1 次）→90％酒精（5min×2 次）→100％酒精（5min×3 次）。

3）二甲苯透明：酒精：二甲苯（1∶1）（10min×1 次）→二甲苯（10min×2 次），二甲苯透明时间随材料大小而定，材料越大所需时间越长，材料透明即可。

4）浸蜡：二甲苯：石蜡（1∶1）1h→石蜡（1h×2 次）。

5）包埋：可用自动包埋机或常规包埋，包埋后材料如不切片需放于 4℃。

6）切片：切片厚度 5～7μm。

7）脱蜡至水：二甲苯（10min×3 次）→100％酒精（2min×3 次）→80％酒精（2min×1 次）→70％酒精（2min×1 次）。

8）PBS 洗 5min×3 次。

9）3％H_2O_2（80％甲醇）滴加在 TMA 上，室温静置 10min。

10）PBS 洗 5min×3 次。

11）抗原修复，可以用微波修复或高温高压修复。

① 高压锅处理技术：枸橼酸钠缓冲液（10mmol/L，pH6.0），淹没切片，盖上锅盖，高压锅内煮沸，上汽 3min 后缓慢冷却（可用自来水在高压锅外冲，以助冷却）。

② 微波处理技术：用塑料切片架，置于塑料或耐温玻璃容器内，枸橼酸钠缓冲液淹没切片，选择中高或高挡，5min；取出并补充已预热的枸橼酸钠缓冲液；再选择中高或高挡，5min（最佳温度为 92～95℃）。

12）室温冷却，取出切片 PBS 洗 2min×3 次。

13）滴加正常山羊血清封闭液，室温 20min，甩去多余液体。

14）滴加Ⅰ抗 50μL，室温静置 1h 或者 4℃过夜或者 37℃1h。

15）4℃过夜后需在 37℃复温 45min。

16）PBS 洗 5min×3 次。

17）滴加Ⅱ抗 40～50μL，室温静置或 37℃1h。

18）Ⅱ抗中可加入 0.05％的 Tween-20。

19）PBS 洗 5min×3 次。

20）滴加链霉亲和素-过氧化物酶溶液，37℃15min，甩去多余液体。

21）DAB 显色 5～10min，在显微镜下掌握染色程度。

22）PBS 或自来水冲洗 10min。

23）苏木精复染 2min，盐酸酒精分化。

24）自来水冲洗 10～15min。

25）脱水、透明、封片、镜检　阳性对照采用已知阳性片为标准，阴性对照采用 PBS 或正常血清取代第一抗体，其余同。

六、结果

阳性细胞呈棕黄色，背底不着色。

附录 | 常用缓冲液配制

一、Walpole 乙酸缓冲液（pH2.696～6.518）

A 液：

1）0.2mol/L 乙酸溶液：36％乙酸 3.192mL 或冰醋酸 1.16mL 加蒸馏水至 100mL。

2）0.01mol/L 乙酸：36％乙酸 0.16mL 或冰醋酸 0.058mL 加蒸馏水至 100mL。

B 液：

1）0.2mol/L 乙酸钠（$CH_3COONa \cdot 3H_2O$，分子量 136，2.7218g，加蒸馏水至 100mL）。

2）0.01mol/L 乙酸钠（$CH_3COONa \cdot 3H_2O$，分子量 136，0.136g，加蒸馏水至 100mL）

Walpole 乙酸缓冲液（pH2.696～6.518）

乙酸/mL	乙酸钠/mL	pH	
		0.02mol/L	0.01mol/L
20.2	0.0	2.696	3.373
19.8	0.2	2.913	3.477
19.6	0.4	3.081	3.523
19.4	0.6	3.202	3.590
19.0	1.0	3.416	3.647
18.0	2.0	3.723	3.863
16.0	4.0	4.047	4.110
14.0	6.0	4.270	4.337
12.0	8.0	4.454	4.527
10.0	10.0	4.626	4.717
8.0	12.0	4.802	4.910
6.0	14.0	4.990	5.077
4.0	16.0	5.227	5.373
2.0	18.0	5.574	5.713
0.0	20.0	6.518	6.777

二、Sorensen 磷酸缓冲液（pH5.3～8.04）

A 液：0.1mol/L 磷酸二氢钾或磷酸二氢钠（KH_2PO_4，1.361g，或 $NaH_2PO_4 \cdot 2H_2O$，1.5603g，加蒸馏水至 100mL）。

B 液：0.1mol/L 磷酸氢二钠（$NaH_2PO_4 \cdot 2H_2O$，1.7799g 加蒸馏水至 100mL 或

$Na_2HPO_4 \cdot 12H_2O$，3.5814g 加蒸馏水至 100mL)。

Sorensen 磷酸缓冲液（pH5.3～8.04）

pH	A 液/mL	B 液/mL
5.3	9.75	0.25
5.6	9.5	0.5
5.91	9.0	1.0
6.24	8.0	2.0
6.47	7.0	3.0
6.64	6.0	4.0
6.81	5.0	5.0
6.98	4.0	6.0
7.17	3.0	7.0
7.38	2.0	8.0
7.73	1.0	9.0
8.04	0.5	9.5

三、磷酸盐缓冲液（pH5.03～8.04）

A 液：0.1mol/L 磷酸二氢钾

磷酸二氢钾（$KH_2PO_4 \cdot 2H_2O$，MW136.09）1.361g，加双蒸水至 100mL。

B 液：0.1mol/L 磷酸氢二钠

磷酸氢二钠（$Na_2HPO_4 \cdot 2H_2O$，MW177.99）1.78g，加双蒸水至 100mL。

或磷酸氢二钠（$Na_2HPO_4 \cdot 12H_2O$，MW358.14）3.58g，加双蒸水至 100mL。

磷酸盐缓冲液（pH5.03～8.04）

pH	A 液/mL	B 液/mL
5.30	9.75	0.25
5.60	9.50	0.50
5.91	9.00	1.00
6.24	8.00	2.00
6.47	7.00	3.00
6.64	6.00	4.00
6.81	5.00	5.00
6.98	4.00	6.00
7.17	3.00	7.00
7.38	2.00	8.00
7.73	1.00	9.00
8.04	0.50	9.50

四、Michaelis Veronal-HCl 缓冲液（pH6.4～9.7）

A 液：0.1mol/L 二乙基巴比妥钠（分子量为 206）2.06g，加蒸馏水至 100mL。

B 液：0.1mol/L HCl 溶液。

Michaelis Veronal-HCl 缓冲液（pH6.4～9.7）

pH	B 液/mL	A 液/mL
6.4	19.6	20.4
6.5	19.5	20.5
6.6	19.4	20.6
6.7	19.3	20.7
6.8	19.2	20.9
6.9	18.8	21.2
7.0	18.6	21.4
7.1	18.2	21.8
7.2	17.8	22.2
7.3	17.3	22.7
7.4	16.8	23.2
7.5	16.1	23.9
7.6	15.4	24.6
7.7	14.5	25.5
7.8	13.5	26.5
7.9	12.4	27.6
8.0	11.4	28.6
8.1	10.3	29.7
8.2	9.2	30.8
8.3	8.2	31.8
8.4	7.1	32.9
8.5	6.1	33.9
8.6	5.2	34.8
8.7	4.4	35.6
8.8	3.7	36.7
8.9	3.1	36.9
9.0	2.6	37.4
9.1	2.2	37.8
9.2	1.9	38.1
9.3	1.5	38.5
9.4	1.0	39.0
9.5	0.8	39.4
9.6	0.6	39.6
9.7	0.4	

五、Michaelis 巴比妥钠-乙酸盐缓冲液（pH2.62～9.64）

A 液：1/7mol/L 巴比妥钠乙酸钠液

巴比妥钠（MW 206）1.4714g，乙酸钠（MW132）0.9714g，溶于无 CO_2 双蒸水 50mL。

B 液：8.5％氯化钠。

C 液：0.1mol/LHCl。

Michaelis 巴比妥钠-乙酸盐缓冲液（pH2.62～9.64）

pH	A 液/mL	B 液/mL	C 液/mL	双蒸水/mL
2.62	5.0	2.0	16.0	2.0
3.62	5.0	2.0	14.0	4.0
4.13	5.0	2.0	12.0	6.0
4.93	5.0	2.0	9.0	9.0
6.12	5.0	2.0	7.0	11.0
6.99	5.0	2.0	6.0	12.0
7.42	5.0	2.0	5.0	13.0
7.90	5.0	2.0	3.0	15.0
8.55	5.0	2.0	1.0	17.0
8.90	5.0	2.0	0.5	17.5
9.64	5.0	2.0	0.0	18.0

六、0.05mol/L Tris-HCl 缓冲液（pH7.19～9.0）

A 液：0.2mol/L Tris-(hydroxymethyl)-aminomethane（Tris）2.432g，加蒸馏水至 100mL。

B 液：0.1mol/L HCl 溶液（HCl 相对密度 1.19，含量 37％）0.84mL，加蒸馏水至 100mL。

0.05mol/L Tris-HCl 缓冲液（pH7.19～9.0）

pH	A 液/mL	B 液/mL	蒸馏水/mL
7.19	10	18	12
7.36	10	17	13
7.54	10	16	14
7.66	10	15	15
7.77	10	14	16
7.87	10	13	17
7.96	10	12	18
8.05	10	11	19
8.14	10	10	20
8.23	10	9	21

pH	A 液/mL	B 液/mL	蒸馏水/mL
8.32	10	8	22
8.41	10	7	23
8.51	10	6	24
8.62	10	5	25
8.74	10	4	26
8.92	10	3	27
9.10	10	2	28

七、0.1mol/L Tris-maleate（马来酸）缓冲液（pH5.08～8.45）

A 液：1mol/L maleic acid 11.607g，加蒸馏水至 100mL。
B 液：1mol/L Tris 12.114g，加蒸馏水至 100mL。
C 液：0.5mol/L NaOH 40.2g，加蒸馏水至 100mL。

0.1mol/L Tris-maleate 缓冲液（pH5.08～8.45）

pH	A 液/mL	B 液/mL	C 液/mL	蒸馏水/mL
5.08	5	5	1	39
5.30	5	5	2	38
5.52	5	5	3	37
5.70	5	5	4	36
5.88	5	5	5	35
6.05	5	5	6	34
6.27	5	5	7	33
6.50	5	5	8	32
6.86	5	5	9	31
7.20	5	5	10	30
7.50	5	5	11	29
7.75	5	5	12	28
9.97	5	5	13	27
8.15	5	5	14	26
8.30	5	5	15	25
8.45	5	5	16	24

八、0.1mol/L 枸橼酸-磷酸缓冲液（pH2.5～8.0）

A 液：0.1mol/L 枸橼酸（无水枸橼酸，1.9213，含一分子结晶水枸橼酸，2.1014g 加水至 100mL）。

B 液：0.2mol/L 磷酸氢二钠（$Na_2HPO_4 \cdot 2H_2O$，3.5598g；或 $Na_2HPO_4 \cdot 12H_2O$，7.1628g 加水至 100mL）。

0.1mol/L 枸橼酸-磷酸缓冲液（pH2.5～8.0）

pH	A 液/mL	B 液/mL
2.6	17.82	2.18
2.8	16.83	3.17
3.0	15.89	4.11
3.2	15.06	4.94
3.4	14.30	5.70
3.6	13.56	6.44
3.8	12.90	7.10
4.0	12.29	7.71
4.2	11.72	8.28
4.4	11.18	8.82
4.6	10.65	9.35
4.8	10.14	9.86
5.0	9.70	10.30
5.2	9.28	10.72
5.4	8.85	11.15
5.6	8.40	11.60
5.8	7.91	12.09
6.0	7.37	12.63
6.2	6.78	13.22
6.4	6.15	13.85
6.6	5.45	14.55
6.8	4.55	15.45
7.0	3.63	16.47
7.2	2.61	17.39
7.4	1.83	18.17
7.6	1.27	18.73
7.8	0.86	19.15
8.0	0.55	19.45

九、枸橼酸缓冲液（pH3.0～6.2）

A 液：0.1mol/L 枸橼酸

枸橼酸（无水，MW192.13）1.921g，加双蒸水至100mL。

或（H_2O，MW210.14）2.101g，加双蒸水至100mL。

B 液：0.1mol/L 枸橼酸钠

枸橼酸钠·H_2O（MW294.10）2.941g，加双蒸水至100mL。

枸橼酸缓冲液（pH3.0～6.2）

pH	A 液/mL	B 液/mL
3.0	46.5	3.5
3.2	43.7	6.3
3.4	40.0	10.0
3.6	37.0	13.0
3.8	35.0	15.0
4.0	33.0	17.0
4.2	31.5	18.5
4.4	28.0	22.0
4.6	25.5	24.5
4.8	23.0	27.0
5.0	20.5	29.5
5.2	18.0	32.0
5.4	16.0	34.0
5.6	13.7	36.3
5.8	11.8	38.2
6.0	9.5	41.5
6.2	7.2	42.8

十、Mellvaine 缓冲液（pH2.6～8.0）

A 液：0.1mol/L 枸橼酸

枸橼酸（无水，MW192.13）1.921g，加双蒸水至 100mL。

或（H_2O，MW210.14）2.101g，加双蒸水至 100mL。

B 液：0.2mol/L 磷酸氢二钠：

磷酸氢二钠（$Na_2HPO_4 \cdot 2H_2O$，MW177.99）3.56g，加双蒸水至 100mL。

或磷酸氢二钠（$Na_2HPO_4 \cdot 12H_2O$，MW358.14）7.163g，加双蒸水至 100mL。

Mellvaine 缓冲液（pH2.6～8.0）

pH	A 液/mL	B 液/mL
2.6	17.82	2.18
2.8	16.83	3.27
3.0	15.89	4.11
3.2	15.06	4.94
3.4	14.30	5.70
3.6	13.56	6.44
3.8	12.90	7.10
4.0	12.29	7.71
4.2	11.72	8.28

pH	A 液/mL	B 液/mL
4.4	11.18	8.82
4.6	10.65	9.35
4.8	10.14	9.86
5.0	9.70	10.30
5.2	9.28	10.72
5.4	8.85	11.15
5.6	8.40	11.60
5.8	7.91	12.09
6.0	7.37	12.63
6.2	6.78	13.22
6.4	6.15	13.85
6.6	5.45	14.55
6.8	4.55	15.45
7.0	3.63	16.47
7.2	2.61	17.39
7.4	1.83	18.17
7.6	1.27	18.73
7.8	0.86	19.14
8.0	0.55	19.45

十一、乙酸盐缓冲液（pH3.6～5.6）

A 液：0.1mol/L 乙酸（MW60.05，5.8mL/1000mL）

B 液：0.1mol/L 乙酸钠（MW136，13.6g/1000mL）

乙酸盐缓冲液（pH3.6～5.6）

pH	A 液/mL	B 液/mL
3.6	185	15
3.8	176	24
4.0	164	36
4.2	147	53
4.4	126	74
4.6	102	93
4.8	80	120
5.0	59	141
5.2	42	158
5.4	29	171
5.5	19	181

十二、0.2mol/L 硼酸盐缓冲液（pH6.77~9.24）

A 液：0.2mol/L 硼酸·0.05mol/L NaCl

硼酸（MW 61.84）1.236g，NaCl（MW 58.44）0.2925g，加蒸馏水至100mL。

B 液：0.05mol/L 硼酸钠（硼砂）

硼酸钠（$10H_2O$，MW 381.43）1.907g，加蒸馏水至100mL。

0.2mol/L 硼酸盐缓冲液（pH6.77~9.24）

pH	A 液/mL	B 液/mL
6.77	9.7	0.3
7.09	9.4	0.6
7.36	9.0	1.0
7.60	8.5	1.5
7.78	8.0	2.0
7.94	7.5	2.5
8.08	7.0	3.0
8.20	6.5	3.5
8.31	6.0	4.0
8.41	5.5	4.5
8.51	5.0	5.0
8.60	4.5	5.5
8.69	4.0	6.0
8.81	3.0	7.0
8.98	2.0	8.0
9.11	1.0	9.0
9.24	0.0	10.0

十三、二甲胂酸盐缓冲液（pH5.0~7.4）

A 液：0.2mol/L 二甲胂酸钠

二甲胂酸钠（MW214）4.27g，加蒸馏水至100mL。

B 液：0.2mol/L HCl

HCl 1.7mL，加蒸馏水至100mL。

二甲胂酸盐缓冲液（pH5.0~7.4）

pH	A 液/mL	B 液/mL	双蒸水/mL
5.0	25	23.5	51.5
5.2	25	22.5	52.5
5.4	25	21.5	53.5
5.6	25	19.6	55.5
5.8	25	17.4	57.6

pH	A液/mL	B液/mL	双蒸水/mL
6.0	25	14.8	60.2
6.2	25	11.9	63.1
6.4	25	9.2	65.8
6.6	25	6.7	68.3
6.8	25	4.7	70.3
7.0	25	3.2	71.8
7.2	25	2.1	72.9
7.4	25	1.4	73.6

十四、0.2mol/L 碳酸-重碳酸缓冲液（pH9.2～10.7）

A液：0.2mol/L 无水碳酸钠

无水碳酸钠（MW106）2.12g，加双蒸水至 100mL。

B液：0.2mol/L 重碳酸钠

重碳酸钠（MW84）1.68g，加双蒸水至 100mL。

0.2mol/L 碳酸-重碳酸缓冲液（pH9.2～10.7）

pH	A液/mL	B液/mL	双蒸水/mL
9.2	2.00	23.00	75
9.3	3.75	21.25	75
9.4	4.75	20.25	75
9.5	6.50	18.50	75
9.6	8.00	17.00	75
9.7	9.75	15.25	75
9.8	11.00	14.00	75
9.9	12.50	12.50	75
10.0	13.75	11.25	75
10.1	15.00	10.00	75
10.2	16.50	8.50	75
10.3	17.75	7.25	75
10.4	19.25	5.75	75
10.5	20.25	4.75	75
10.6	21.25	3.75	75
10.7	22.50	2.50	75

注：Ca^{2+}、Mg^{2+} 存在时，不能使用此缓冲液。

十五、0.05mol/L 甘氨酸-盐酸缓冲液（pH2.2～3.6）

A液：0.2mol/L 甘氨酸

甘氨酸（MW75.07）1.501g，加双蒸水至 100mL。

B 液：0.2mol/L HCl

HCl（相对密度 1.19，含量 37%）1.68mL，加双蒸水至 100mL。

0.05mol/L 甘氨酸-盐酸缓冲液（pH2.2～3.6）

pH	A 液/mL	B 液/mL	双蒸水/mL
2.2	25	22.0	53.0
2.4	25	16.2	58.5
2.6	25	12.1	62.9
2.8	25	8.4	66.6
3.0	25	5.7	69.3
3.2	25	4.1	70.0
3.4	25	3.2	71.8
3.6	25	2.5	72.5

十六、0.01mol/L 甘氨酸-NaOH 缓冲液（pH8.6～10.6）

A 液：0.2mol/L 甘氨酸

甘氨酸（MW75.07）1.501g，加双蒸水至 100mL。

B 液：0.2mol/L NaOH

NaOH（MW40）0.8g，加双蒸水至 100mL。

0.01mol/L 甘氨酸-NaOH 缓冲液（pH8.6～10.6）

pH	A 液/mL	B 液/mL	双蒸水/mL
8.6	25	2.00	73.00
8.8	25	3.00	72.00
9.0	25	4.40	70.60
9.2	25	6.00	69.00
9.4	25	8.40	66.60
9.6	25	11.20	63.80
9.8	25	13.60	61.40
10.0	25	16.00	59.00
10.4	25	19.30	55.70
10.6	25	22.75	52.25

十七、马来酸缓冲液（pH5.2～6.8）

A 液：0.2mol/L：酸性马来酸钠液

NaOH（MW40）0.8g，马来酸 2.32g 或无水马来酸 1.96g，加双蒸水至 100mL。

B 液：0.2mol/L NaOH

NaOH（MW40）0.8g，加双蒸水至 100mL。

马来酸缓冲液（pH5.2～6.8）

pH	A液/mL	B液/mL	双蒸水/mL
5.2	25	3.60	71.40
5.4	25	5.25	69.75
5.6	25	7.65	67.35
5.8	25	10.40	64.60
6.0	25	13.45	61.55
6.2	25	16.50	58.50
6.4	25	19.00	56.00
6.6	25	20.80	54.20
6.8	25	22.20	52.80

十八、0.1mol/L Tris-马来酸缓冲液（pH5.08～8.45）

A液：1mol/L 马来酸

马来酸（MW116.07）11.607g，加双蒸水至100mL。

B液：1mol/L Tris

Tris（MW121.14）12.114g，加双蒸水至100mL。

C液：0.5mol/L NaOH

NaOH（MW40）2g，加双蒸水至100mL。

0.1mol/L Tris-马来酸缓冲液（pH5.08～8.45）

pH	A液/mL	B液/mL	C液/mL	双蒸水/mL
5.08	5	5	1	39
5.30	5	5	2	38
5.52	5	5	3	37
5.70	5	5	4	36
5.88	5	5	5	35
6.05	5	5	6	34
6.27	5	5	7	33
6.50	5	5	8	32
6.86	5	5	9	31
7.20	5	5	10	30
7.50	5	5	11	29
7.75	5	5	12	28
7.97	5	5	13	27
8.15	5	5	14	26
8.30	5	5	15	25
8.45	5	5	16	24

参考文献

[1] 王庆亚. 生物显微技术 [M]. 北京：中国农业出版社. 2010.

[2] 王延华，齐建国，Leong Seng Kee，黄秀琴. 组织细胞化学理论与技术 [M]. 北京：科学出版社. 2005.

[3] 刘能保，王西明. 现代实用组织学与组织化学技术 [M]. 武汉：湖北科学技术出版社. 2003.

[4] 王晓东. 生物光镜标本技术 [M]. 北京：科学出版社. 2010.

[5] 杨传红，赖晃文，唐庚云. 超薄切片技术的质量控制. 临床与实验病理学杂志，2001，17（5）：441-442.

[6] 王秀萍. 冰冻切片制作中时间和温度的控制. 医学综述，2013，19（22）：4213-4214.

[7] 周慧玲. 进行投射电镜样品支持膜制备的几个技术环节. 热带农业工程，1999，4：22-23.

[8] 陆珍凤，周晓军，石群立，姜少军，吉耘，夏春，盛春宁. 电镜超薄切片常见问题及改进方法. 诊断病理学杂志，2003，10（3）：187-188.

[9] 薄立华，杨绍娟，郭志良，张玉成，张桂珍. 免疫组化图像计算机定量分析中若干问题的探讨. 中国体视学与图像分析，2012，17（2）：180-184.

[10] 林开颜，吴军辉，徐立鸿. 彩色图像分割方法综述. 中国图像图形学报，2005，10：1-8.

[11] 李涛，范妤，刘芳. 免疫组织化学图像光密度分析的标准化方法. 解剖学杂志，2008，31（5）：727-728.